カツオ今昔物語
地域おこしから文学まで

鹿児島県立短期大学チームカツオづくし 編

筑波書房

これまでも、そしてこれからも
―カツオとカツオ節の町、枕崎のお話―

福田 忠弘

1 「和食」への追い風

2013（平成25）年12月、「和食」はユネスコの無形文化遺産に登録されました。無形文化遺産への登録申請書では、「和食」を料理そのものではなく、「自然を尊ぶ」という日本人の気質に基づいた「食」に関する「習わし」と位置づけています。

これまで日本人が脈々と築きあげてきた「食」に関する「習わし」が世界から評価されるなんて、なんか誇らしいですね。

そして「和食」には、さらなる追い風が吹いています。

2015（平成27）年にはイタリアのミラノで、「ミラノ国際博覧会（万博）」が開催されます。このミラノ万博のテーマは、「地球に食料を、生命にエネルギーを」という、食に関するテーマが設定されています。ユネスコの無形文化遺産に登録された「和食」ですので、世界の注目が集まることは間違いありません。

「和食」への世界の注目が高まったからでしょうか、日本国内でも自分たちの食習慣について見直す機会が増えたように思います。「和食」のすばらしさを取り上げるテレビ番組や、書籍などをあちらこちらで見かけるようになりました。

しかし、「和食」は知れば知るほど奥が深く、その全体像を把握することは容易ではありません。「和食」は、私たちの祖先が長い時間をかけて築きあげてきたものですし、南北に長い日本では、地域ごとに異なった特性をもっています。そして「食」には、多くの人々が関わっています。

こうした時間の蓄積、地理的な多様性、人々の営みの総体が、「和食」というものを形作っていますので、その全体像を把握することは並大抵のことではできませんし、無理にやろうとすれば結果は薄っぺらなものになってしまうでしょう。

そこでこの本では、いきなり「和食」の全体像に迫るのではなくて、その全体像を構成している一つの食材に焦点をあてて、そこから、「和食」の魅力に迫ってみることにしました。言葉を換えれば、いきなり森全体を見るのではなく、森全体を意識しながら、その森に生えているある種類の木に注目する作業を行っていくと言ってもいいかもしれません。

私たちがこの本のなかで取り上げるのは、鹿児島県枕崎市のカツオとカツオ節です。なぜ、枕崎のカツオとカツオ節に焦点をあてることが、「和食」についての理解を深めるかといいますと、それには次のような理由があるからです。

第一に、「和食」では、ダシのうま味が注目されています。そのなかでも、カツオ節でとったダシが重要な役割を果たしていることは、皆さんもご存知の通りだと思います。地域によってはカツオ節でダシをとらない場所もありますが、世界に「和食」が発信されていく際には、カツオ節でとったダシが重要な役割を果たしていくことは間違いありません。

第二に、鹿児島県のカツオ節生産量は日本一で、全国に流通するカツオ節の約７割を生産しています。鹿児島のカツオ節の産地には枕崎市と指宿市山川の２つありますが、今回は、カツオ節生産量日本一の枕崎を取りあげました。国内でカツオ節を生産している地域は、もう数えるほどしかなくなってきています。世界に誇る「和食」のダシ文化ですが、それを支えているのはこうした数少ない産地なのです。ですから、一地域の一食材に焦点をあてることは、総体としての「和食」を学ぶ際にも重要になってきます。これは、昆布の生産量が９割を越える、北海道の昆布にも通じるものがあります。

第三に、枕崎にはカツオ漁とカツオ節製造の長い歴史があります。枕崎にカツオ節の製法が伝わったのは、今から300年ほど前になります。それから枕崎の人々は、カツオと共に生き、カツオ節製造の火を灯し続けてきました。技術が現在のように発展していなかった時代、カツオ漁は命懸けの仕事で、時に大惨事を引き起こしました。そしてそうした作業のなかに、さまざまな人間ドラマが生まれてきました。こうしたドラマを、全国の皆さんとも共有したいと思っています。

第四に、カツオ節は日本人にとって大事な食材ですが、この食材に関する知識が著しく衰退しているからです。カツオ節には、日本人の知恵が込められていて、知れば知るほど奥が深い食材です。しかし、その食材が持つ本来の良さが忘れかけられています。栄養も豊富で、保存食にもなり、ダシをとるのに欠かせないカツオ節ですが、皆さんはカツオ節のことをどのくらいご存知でしょうか。皆さんはカツオ節を実際に削ったことがありますか？　次のページに簡単なフローチャートを出しておきました。皆さんはカツオ節にもいろいろと種類があることをご存知ですか？　フローチャートに、カツオ節に関する耳慣れない言葉が出てきますが、ここに書かれていることが分かってくると、カツオ節を使った生活がもっと楽しくなること間違いなしです。カツオ節は、自分で削ってこそいろいろな楽しみ方ができます。ぜひ、皆さんにも実際にカツオ節を削ってもらいたいと思っています。

第五に、枕崎のカツオ節は国境を越えつつあります。枕崎水産加工業協同組合も参画している株式会社枕崎フランス鰹節では、2015（平成27）年のミラノ万博開催に合わせて、フランスでカツオ節工場の建設を予定しています。なぜ、わざわざフランスでカツオ節を製造する必要があるかと言いますと、カツオ節にはカビつけが必要ということもあり、EUが課すHACCP（ハサップ：食品の製造工程の管理システムのこと）をクリアすることが難しく、日本から直接輸出することは困難な状況です。そこで、枕崎ではフランスにカツオ節工場を建設することにしました。この工場によって、今後、本物のカツオ節をヨーロッパでも食べることができます。「和食」に欠かせな

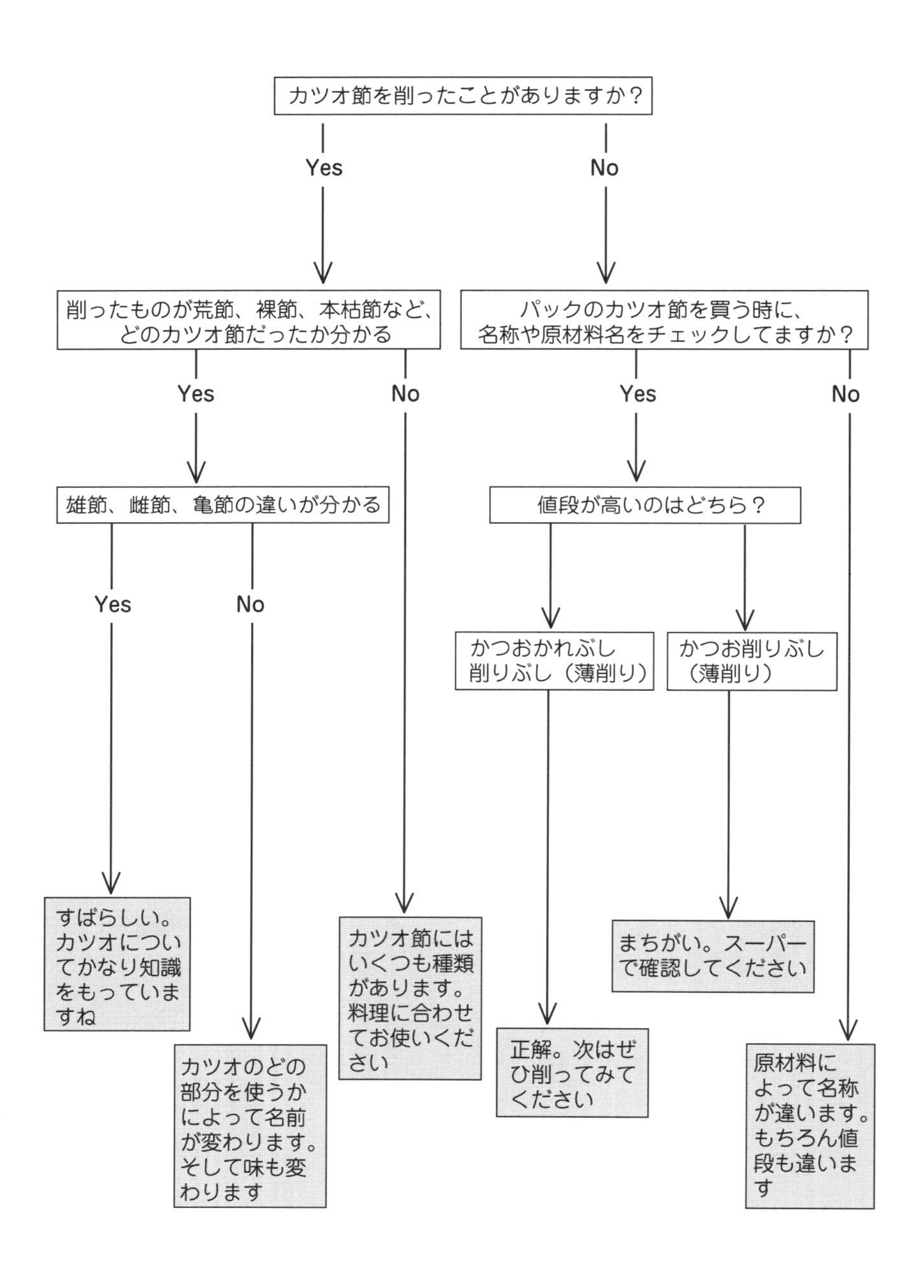
カツオ節を削ったことがありますか？
Yes
No
削ったものが荒節、裸節、本枯節など、どのカツオ節だったか分かる
パックのカツオ節を買う時に、名称や原材料名をチェックしてますか？
Yes
No
Yes
No
雄節、雌節、亀節の違いが分かる
値段が高いのはどちら？
Yes
No
かつおかれぶし 削りぶし（薄削り）
かつお削りぶし（薄削り）
すばらしい。カツオについてかなり知識をもっていますね
カツオのどの部分を使うかによって名前が変わります。そして味も変わります
カツオ節にはいくつも種類があります。料理に合わせてお使いください
正解。次はぜひ削ってみてください
まちがい。スーパーで確認してください
原材料によって名称が違います。もちろん値段も違います

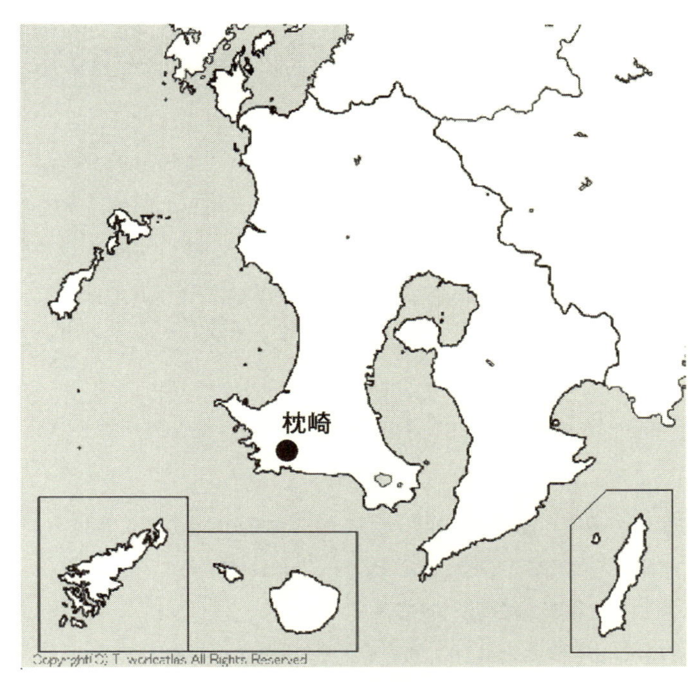

図1　枕崎の場所

い他の食材でも、輸出が困難な場合は現地で生産をしなければいけないことがあるかもしれません。カツオ節の事例はそうした食材のための先行事例となるはずです。

第六に、伝統的な食材であるカツオとカツオ節は、現在、地域おこしにも使われています。枕崎の地域おこしは、オンリーワンな食材であるカツオとカツオ節を使ってご当地グルメを作ることからはじまりました。その手法は、他の地域の他の食材でも十分活用できるやり方をしていますので、ある種の普遍性をもっていると考えられます。さらにこの地域おこしは、枕崎という地域の枠を越えて、北海道稚内市や島根県出雲市との連携も行なわれています。枕崎産のカツオ節と稚内産の昆布を使ったご当地グルメも開発されました。これまでの地域おこしは、地域の資源をいかに掘り起こしてそれを利用するかということに注目が集まってきましたが、枕崎市と稚内市の取り組みは、「地元にないものは他の地域から持ってくる」という発想が今後重要になってくるという示唆を与えてくれます。

この本で紹介できるのは、一地域の一食材についての事例ですが、他の地域の他の食材についても役立てることができるような汎用性に気を配りました。皆さんの地域でも、特産品を使った地域おこしや、生産拠点の海外進出や海外販売、地域共同体の再構築など様々な問題に取り組まれることと思います。その際に、本書で紹介するカツオとカツオ節の事例が参考になればと思っています。

枕崎

鹿児島県の薩摩半島の南西部に位置し、三方を山に囲まれ、南は東シナ海に面し、年間平均気温は18度と温暖な気候に恵まれています。枕崎市には、JR最南端の始発・終着駅の枕崎駅があります。

主な産業は水産業と水産加工業です。その他にも、焼酎、お茶、花卉などを生産しています。

図2　本土最南端の始発・終着駅の枕崎駅

2　カツオとカツオ節をこれからも

「和食」が無形文化遺産に登録され、「和食」の良さを世界に発信していくことは大切なことですが、おそらくそれ以上に重要な課題は、「和食」をどのように次世代に継承していくかということです。

食の欧米化、簡便さを求めるライフスタイルの変化、サプリメントなどの栄養食品の浸透などによって、私たちの食生活も大きく変化してきています。

かつては、「食」に関する社会的慣習は、何気ない日々の生活の中で、親から子へ、子から孫へと継承されていきました。しかし私たちが生活している現代ではそうはいきません。日々の忙しい生活の合間に、普段行わない作業（例えばカツオ節を削るとか、カツオ節でダシをとるとか）を意識的に行なうか、「和食」の伝統について学ぶ時間を特別に設けて、それらの良さを学習しなければ、「和食」の伝統を引き継いでいくことはできなさそうです。最近、食育やスローフードということが盛んに言われているのは、その現れです。

同様のことは、地域の共同体についても言えます。これまでは、地域ごとに行われる伝統行事のなかで、地域的な特性が引き継がれ、共同体意識が醸成されてきました。しかしこうした伝統行事も行われなくなりつつあります。

食文化が地域の文化と密接に関係していることはいうまでもありません。「和食」の伝統を引き継ぐ際に、「和食」に使う食材の栄養や味、おいしさを引き出す調理法、正しい食べ方などについて知ることはもちろん大切なことですが、それに加えて、食の背景にあるものも伝えていくことが重要なのではないでしょうか。

食文化は、地理、歴史、文学、人物、産業、伝統的な祭礼など、様々な要素と絡み合っています。そうした地域にある様々な要素の中から食文化だけを取り出すのではなく、他の要素とセットにして次世代に引き継ぐことが重

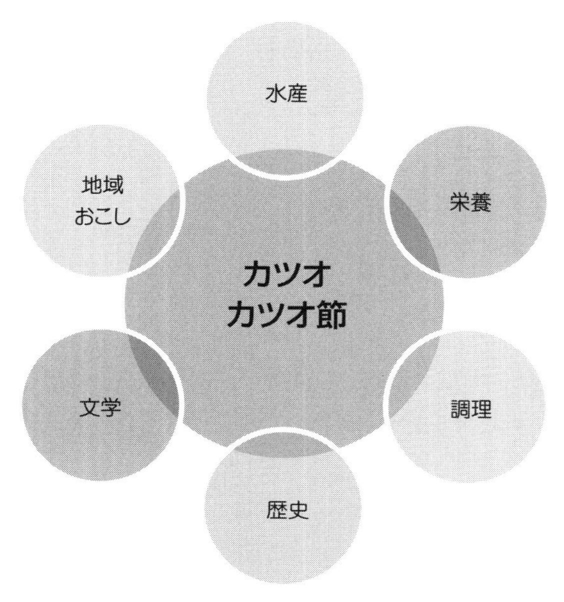

図３　この本でのアプローチ

要なのではないかと考えています。そうした要素のなかには、当然、人間ドラマも含まれます。

ですので、この本では、単にカツオとカツオ節の栄養素や調理方法などを紹介する以外に、図３のように水産、歴史、文学、地域おこしなど、多くの側面からカツオとカツオ節にアプローチすることを試みました。

例えば枕崎では、カツオ漁とカツオ節にまつわる文化が地域の他の要素と融合しています。カツオ漁を行なう時に歌われた汐替節という労働歌、多くの漁獲量を望みながらもカツオの命を追悼する「鰹供養塔」の建立、大正時代から昭和初期にカツオ漁に貢献した原耕（はらこう）という人物を顕彰する市民劇の上演、青少年による海難事故慰霊祭などを行なっています。そしてこうした活動が、地域おこしにも影響を与えています。

自分たちの祖先が泣き、笑い、祝い、喜びあいながら築きあげてきたものを、まるごと次世代に残していく。そのなかの一つが食に関するものなのでしょう。食文化を引き継ぐということは、それ以外の文化も同時に引き継ぐということでもあります。

では、誰がこうした食文化を含む地域の文化を引き継いでいけばいいのでしょうか。今回この本で紹介するカツオやカツオ節については、第一義的には枕崎や鹿児島の人々ということになるでしょうが、それだけでは不十分です。カツオ節でとったダシを「和食」の重要な構成要素の１つと考えてくれる全国の皆さんとも、本書の内容を共有したいと思っています。

生産・加工の現場は、社会や経済の状況によって様々な影響を受けますが、そのなかでも特に重要なのは、私たち消費者の嗜好とライフスタイルの変化です。この本で紹介するカツオ節も、かつては各家庭で削って使われていましたが、パック入りのカツオ節が考案され、ダシ入りの麺つゆなどが発売されると、ほとんどの家庭でカツオ節を削らなくなりました。全国の消費者のライフスタイルの変化は、生産・加工の現場に大きな影響を与えます。消費者の嗜好に合わせて、安くて、簡便なものを作っているうちに、手間がかかり、価格も高い、本物が作られなくなっていくことはよくあることです。しかし食文化に関して言えば、こうした手間がかかり、価格も高いものが、無形文化遺産「和食」には不可欠です。本物のカツオ節を必要とする消費者がいてこそ、本物を作り続ける生産・加工業者が残り、次世代に引き継ぐことができます。これは食文化に限ったことではありません。

この本で取り上げる枕崎のカツオとカツオ節にまつわるお話は、一地域の一食材に過ぎませんが、「和食」を次世代に引き継ぐためにも、ぜひ全国の皆さんと共有したいと思っています。無形文化遺産「和食」を守っていくのは、私たち一人一人であり、全国の食卓こそが重要な拠点となっていかなくてはいけません。

この本が、無形文化遺産「和食」を過去から継承し、未来へバトンを繋ぐために、何らかのお役にたてれば幸いです。

第Ⅱ部　カツオとカツオ節に懸ける人々

第Ⅰ部

カツオとカツオ節のお話

第1章
カツオ節からKATSUOBUSHIへ

小湊 芳洋

1　知らないと損するカツオ節の種類！

皆さんは「カツオ節」と聞いて何を想像するでしょうか。

冷や奴、湯豆腐、おひたしの薬味として使うカツオ節ですか。それとも、「おかかおにぎり」の具としてのカツオ節でしょうか。はたまた、お好み焼きや焼きうどんの上にふりかけるカツオ節でしょうか。

カツオ節は、そのまま食べてもおいしいのはご存知の通りですが、ダシとして使われるカツオ節も忘れてはいけません。カツオ節は、みそ汁や、そば、うどんの麺つゆのダシといった庶民的な料理から、料亭で出される高級料理にまで、欠かすことのできない食材です。

ここまで、一口にカツオ節として紹介してきましたが、皆さんはカツオ節にも種類があることをご存知でしょうか。

「知っている。冷や奴に使うカツオ節は小さくて薄くて、お好み焼きの上にかけるカツオ節は大きくて厚い」と思った人がいるかもしれませんが、ここで聞いているのは、「薄削り、厚削り」と言ったカツオ節の大きさや厚さのことではありません。

何を隠そう、カツオ節にはその製造過程に応じて様々な名前がつけられていて、そしてカツオ節の味も異なるのです。実は、皆さんもこうした違いについて普段目にされているはずなのですが、恐らくあまり意識されていないと思います。

皆さんが良く買い物に行くスーパーにもカツオ節のコーナーがあって、い

名　　　称	かつお削りぶし（薄削り）
原材料名	かつおのふし（鹿児島県）
密封の方法	不活性ガス充てん、気密容器入り
内　容　量	30ｇ（３ｇ×10袋）
賞味期限	枠外下部に記載
保存方法	直射日光、高温多湿を避けて保存して下さい。
製　造　者	株式会社　枕崎商事 枕崎市×△町○ー▲

図１　かつお削りぶしの表示

比較すると
名前が違う

名　　　称	かつおかれぶし削りぶし（薄削り）
原材料名	かつおのかれぶし（鹿児島県）
密封の方法	不活性ガス充てん、気密容器入り
内　容　量	30ｇ（３ｇ×10袋）
賞味期限	枠外下部に記載
保存方法	直射日光、高温多湿を避けて保存して下さい。
製　造　者	株式会社　枕崎商事 枕崎市×△町○ー▲

図２　かつおかれぶし削りぶしの表示

くつかの種類のカツオ節が売られているかと思いますが、そこに並べられているカツオ節をよく見比べてみてください。同じ製造メーカーの、同じ内容量のカツオ節でも、値段がかなり違っているはずです。

何がその価格の差を生み出しているのでしょうか。裏面に記載されている表示内容をよく比べてみてください。

図１と図２は一見同じように見えますが、よく見てください。実は同じカツオ節でありながら、なんと「名称」も「原材料名」も異なっているのです。図１の方の原材料名は「かつおのふし」となっているのに、図２の方は「かつおのかれぶし」となっています。気をつけていなければ、つい見過ごしてしまいそうなほどの小さな違いです。しかし実は、この小さな違いに大きな秘密が隠されているのです。

カツオ節加工業界では、「かつおのふし」のことを「荒節（あらぶし）」と

名称	かつお削りぶし	かつおかれぶし削りぶし
原材料名	かつおのふし	かつおのかれぶし
業界での名称	**荒節**	**本枯節（仕上節類）**
製造期間	20日程度	4ヶ月～長い場合は1年以上
かびつけの有無	なし	あり（2回以上）
用途	・お好み焼きなどの味の濃いものに適している。 ・麺つゆなど	・本枯節は、カツオ節の中の最高級品。料亭などで利用される。 ・上品な味がでる。
値段	安い	高い

図3　「荒節」と「本枯節」の違い

呼び、「かつおのかれぶし」のことを「本枯節（ほんかれぶし：仕上節類）」と呼びます。皆さんは、聞いたことありますか？　荒節と本枯節の違いを簡単にまとめたものが図3になります。

荒節も本枯節も、どちらも同じカツオから作られますが、製造段階に応じてその名称も変化します。あまり知られていませんが、カツオ節にはその製造段階によって20種類以上もの呼び方があります。「カツオ節は固い」と思われるかもしれませんが、「生利節（なまりぶし）」と呼ばれる柔らかいカツオ節もあるのです。

2　秘密は製造過程にあり

カツオ節は、知れば知るほど多様な側面をもつおもしろい食材です。そしてそのおもしろさを理解していただくためには、カツオ節の製造工程を知っていただく必要があります。なぜ皆さんに、カツオ節の製造工程を知ってもらいたいかと言いますと、それには大きく3つの理由があるからです。

第一に、カツオ節はその製造段階に応じて呼び方が異なりますので、どの製造工程のものをどのように呼ぶのかを知ってもらいたいと思います。例えば、柔らかいカツオ節である生利節や、荒節、本枯節と呼ばれる製品が、どういった特徴をもっているかを知るには、その製造工程を知ることが必要不可欠なのです。

第二に、カツオ節製造にどれくらいの時間と手間がかけられているかを理解してもらいたいからです。どんな風にカツオ節を食べるか、どんなダシをとるかにもよりますが、カツオ節の役割はわずか数秒、もしくは数分で終わってしまいます。冷や奴の薬味に使う場合には、口にいれてすぐに溶けてなくなってしまいます。またカツオ節でダシをとるときも、料理の本などには、「沸騰してすぐにカツオ節を入れて、すぐに火を止めて、布巾などでカツオ節を漉す」と書かれています。図３で紹介したように、本枯節ができあがるまでには４ヶ月以上もの時間がかかり、長いものでは１年以上も熟成させます。しかしそれが使われる時間はわずか数秒で、どんなに長くても数分です。調理にかかる時間の短さと、製造にかかる時間の長さのギャップは、驚くほどです。お客さんがカツオ節やカツオダシを味わう数秒、数分のために、カツオ節製造の職人たちが、どれだけ丹精込めてカツオ節を製造しているのか、それを紹介したいと思います。

第三に、ぜひカツオ節を皆さん自身の手で削ってもらいたいからです。食べる前にカツオ節を削る、食べ物に合わせて削るカツオ節の種類を変えると、皆さんの食生活はより豊かになっていくはずです。カツオ節のことを深く知ると、お好み焼きにあうカツオ節、高級料亭で使われるカツオ節とを区別することができます。先ほど、製造段階によって、荒節や本枯節と名前が変わることを紹介しましたが、じつはそれだけではありません。カツオの体の大きさによっても呼び方が変わりますし、どの部位を使うかによっても、呼び方も味もまた変わるのです。

一般的な大きさのカツオからは、４本のカツオ節が作られます。背中側の身を「雄節（おぶし）や男節（おぶし）、背節（せぶし）」と呼び、腹側の身を「雌節（めぶし）や女節（めぶし）、腹節（はらぶし）」と呼びます。この本では「雄節と雌節」で読み方を統一しますが、どちらの部位を使うかによって味が異なります。ですので、製造段階による違いの他にも、どの部位を使うかによって味が変わってきます。簡単に示すと図４のようになります。

カツオの部位 / 製造段階	**雄節** カツオの背中側 （さっぱりした味）	**雌節** カツオの腹側 （濃厚な味）
荒節 （インパクトのある味）	①荒節の雄節	②荒節の雌節
本枯節 （香り豊か）	③本枯節の雄節	④本枯節の雌節

図４　カツオの部位と製造段階

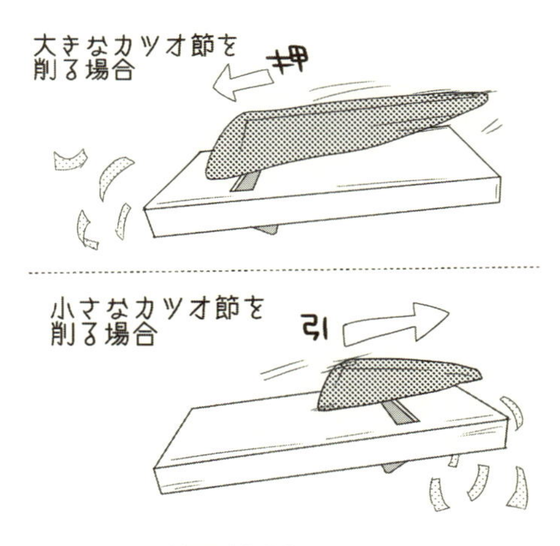

図5　カツオ節の削り方　（イラスト：下薗秋穂）

カツオ節を自分で削ると、その日の料理、食べる人の好みによって、削るカツオ節を選ぶことができます。削るのも、コツを覚えてしまえば簡単です。これこそ、究極のおもてなしです。すでに削られているパックのカツオ節を買ってきたのでは、こうした味の違いを楽しむことはできません。なぜなら、どこの部位を削ったものだか分からないからです。私たちの先祖が代々引き継いできた伝統のダシの楽しみ方を、ぜひ、皆さんにも知ってもらいたいと思っています。

そのためには、カツオ節の製造工程を知ってもらうことが一番の近道になります。カツオ節の製造工程は、大きく分けると６つの工程に分けられま

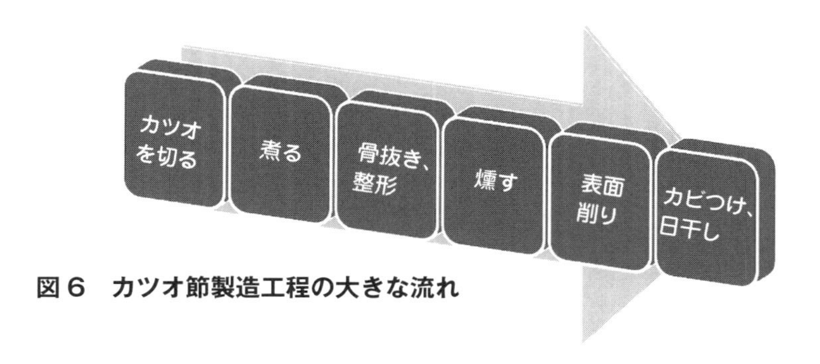

図６　カツオ節製造工程の大きな流れ

す。(1) カツオを切る、(2) カツオを煮る、(3) 骨を抜き、形を整える、(4) まきの煙でカツオをいぶす、(5) カツオについた脂肪分を削る、(6) カビつけと日干しをくり返す。

この６つの点について、順に説明していきます。

(１)カツオを切る(生切り)

一匹のカツオのうち、カツオ節になるのは身の部分です。カツオの頭、骨、腹身、内臓を取り除く必要があります。取り除いた頭や骨は、魚粉・魚油（DHAなど）やエキスに加工されます。鹿児島では、カツオの腹身のことを腹皮と呼び、塩焼きにしてよく食べます。内臓は塩辛にして酒盗となります。

カツオは大きさによって、製品の形が異なります。小さなカツオは、頭、骨、腹身、内臓を取り除かれ、左右半身に卸された身２枚から２本のカツオ節が作られます。図７に示したように、このカツオ節のことを「亀節」と呼びます。

一般的な大きさのカツオからは、４本のカツオ節が作られます。半身に卸したカツオの身をさらに半分に切り分けます。この作業を「合断ち」と呼びますが、カツオ節の形を決める重要な工程で、熟練の職人のみがこの作業を行います。ここまでくると、背中側の雄節が２つ、腹側の雌節が２つの、合計４つの身に分けられます。

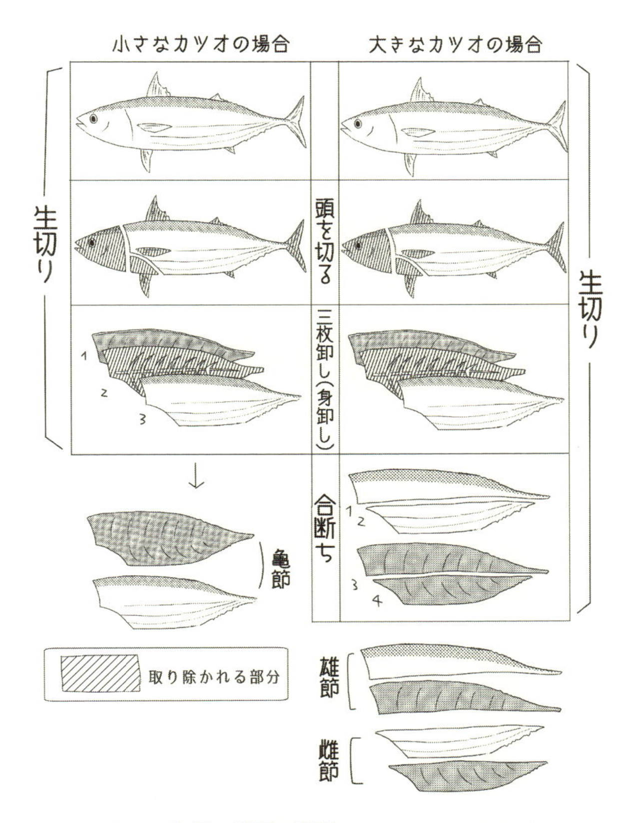

図7　亀節、雄節、雌節　(イラスト：下薗秋穂)

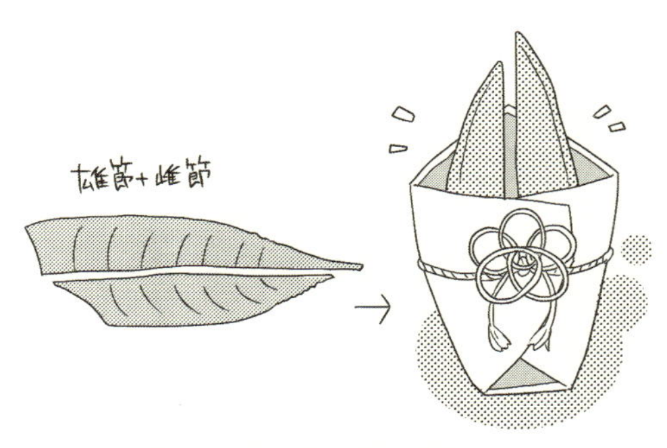

図8　引き出物に使われた雄節と雌節　(イラスト：下薗秋穂)

皆さんは、かつて結婚式でカツオ節２本を引き出物にしていたことを知っていますか。雄節を新郎に、雌節を新婦に見立てていることは言うまでもありません。なぜカツオ節が縁起物になるのか。これも製造工程を知ってこそだと思います。

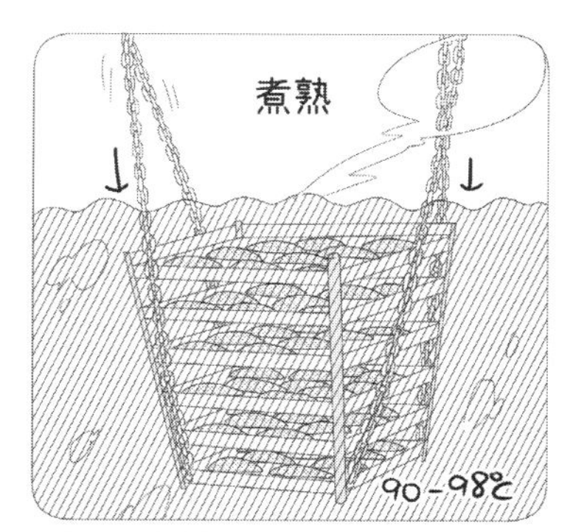

図9　煮熟　（イラスト：下園秋穂）

（2）煮る（煮熟）

次に、カツオの身を煮る過程に入っていきます。カツオ節業界では、カツオを煮ることを「煮熟（しゃじゅく）」と呼びます。

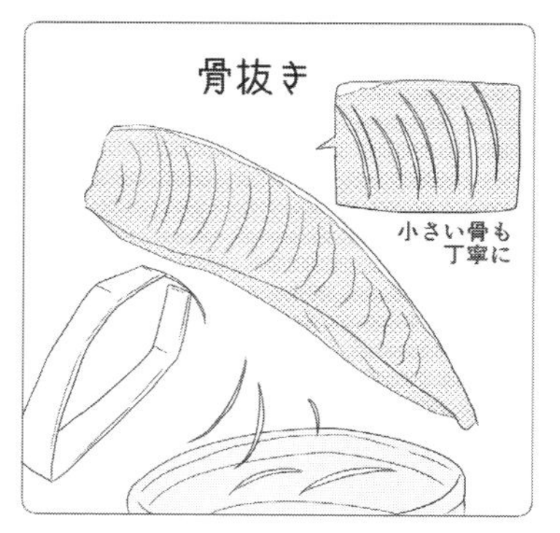

図10　骨抜き　（イラスト：下園秋穂）

切ったカツオの身を籠の上に丁寧に並べて、それをお湯の中にいれて煮熟します。温度は90～98度です。カツオの大きさや鮮度によって、お湯の温度や煮る時間が調整されます。この煮熟によってカツオのタンパク質を凝固させます。

図11　修繕　（イラスト：下園秋穂）

煮熟が終わると、籠ごとカツオが取り出されます。ちなみにこの段階のカツオは、「生利節（なまりぶし）」と呼ばれます。柔らかいカツオ節です。

（3）骨抜き、修繕

次に行う作業は、煮たカツオの身から骨を抜く作業です。すべて手作業で行われます。乱暴に骨を抜くと身がぼろぼろになってしまいますし、一本でも骨が残っているとお客様からのクレームの対象になってしまいます。カツオ節製造の中でも、最も時間がかかり、神経を使う根気のいる作業です。この工程を「骨抜き」と呼びます。

骨を抜く時に、カツオの身の形が崩れてしまっています。そこで、カツオのすり身をぬって形を整えます。この作業を「修繕」と呼びます。ここで修繕されたもののみが、最高級の本枯節（仕上節）になることができます。

（4）燻す（焙乾）

図12　焙乾（イラスト：下薗秋穂）

修繕されたカツオは焙乾室に運ばれます。「焙乾（ばいかん）」とは、薪を焚き、煙で燻す工程のことを指します。柔らかかったカツオも、焙乾をくり返していくごとに、段々固いカツオ節へと変化します。

カツオは腐りやすい魚です。この焙乾法が考案される以前は、煮たカツオを太陽光で干す日干が行われていましたが、それほど保存はききませんでした。現在のようなカツオ節になったのは、この焙乾法が江戸時代に考案されてからです。

「急造庫（きゅうぞうこ）」と呼ばれる焙乾室について紹介したいと思います。急造庫では、地下で樫やクヌギなどの堅木を燃やします。この堅木を用いることが重要で、火が長持ちします。さらに堅木からでる煙がカツオ節の味と香りの決め手になります。もし間違って違う木を燃やしてしまったら、私たちが普段食べているカツオ節とは違った香りのものができてしまいます。

焙乾することによって、カツオの水分が減り乾燥していきます。乾燥度に応じて、急造庫の下の階から上の階へと移動して行きます。水分を多く含んだカツオは、火に近い1階に置きます。焙乾をしていくとカツオは乾燥していきます。その水分量を見ながら、１階から２階へ、２階から３階へと、５段階に分けて移していきます。５階に移されたカツオの水分含量はかなり少なくなっています。

そして20日前後焙乾してできるカツオ節のことを、「荒節」と呼びます。荒節の段階では、焙乾時にカツオからでた脂肪分などがついています。

この荒節をブラッシング等で脂肪分を取りのぞいた後、削ってパック詰めしたものが、図１で紹介した「かつお削りぶし」と呼ばれるものです。花カツオもこの荒節を削ったものです。皆さんのご家庭で、冷や奴の薬味などに使うカツオ節の表示を見てみて下さい。名称に「かつお削りぶし」、原材料に「かつおのふし」と書かれていたら、これは荒節を削ったものになります。

（５）削り

焙乾が終わった荒節の形を整えることを、「削り」と呼びます。荒節には、焙乾時についた脂肪分などがついていますので、その脂肪分を落とします。この「削り」をすることで、焙乾中ににじみでた脂肪分を除去し、カビがつきやすくします。削りが終わったカツオ節は、「裸節（はだかぶし）」と呼ばれます。現在は、グラインダーを使ってこの「削り」を行ないますが、それでも経験豊かな職人しかこの「削り」は行えないものです。

図13　削り（イラスト：下園秋穂）

（６）カビつけと日干

削りが終わるといよいよカビつけです。カビつけ庫の中に入れ、カツオ節にカビがつきやすい条件を作り出します。

十分にカビがついたら、今度は天日干しします。この天日干しのことを業界では「日干」と言います。何度もカビつけと日干を繰り返します。そしてできあがるのが、カツオ節の最高級品「本枯節」です。

荒節は20日程度で完成しますが、本枯節は短くても4ヶ月、長いものでは1～2年以上かかるものもあります。そしてカビは重要な役割を果たします。カツオ節についたカビが表面から均等に水分を吸い出すことでうま味が増します。そのため他の微生物は繁殖できず、より固く保存性の高いものへとなります。発酵させることで、うま味が増します。煮熟により生成されたイノシン酸は、カビつけした本枯節に至るまでほぼ保たれたままです。さらに、このカビが油脂分解酵素リパーゼを分泌して、カツオの油脂を脂肪酸とグリセリドに分解し、その分解物を食べてしまうため、ダシをとってもまったく

図14　天日干し　（イラスト：下薗秋穂）

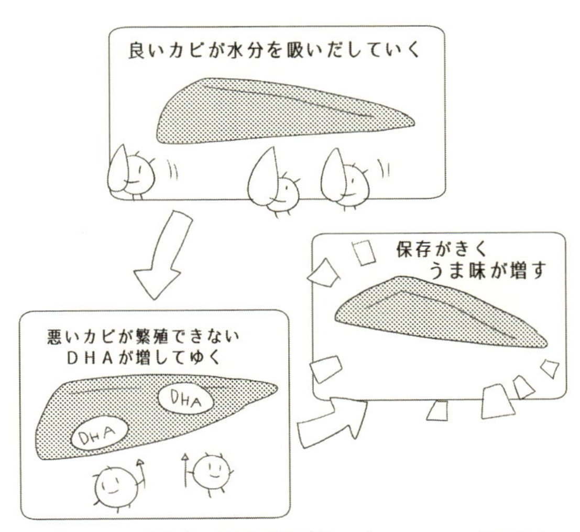

図15　カビつけの重要性　（イラスト：下薗秋穂）

油が浮かないという効果をもちます。

生のカツオに多いDHA（ドコサヘキサエン酸）は、カビつけしていないカツオ節には少なく、カビつけしたカツオ節には多量に含まれます。しかも通常酸化しやすいDHAが、カビでおおわれていることで空気から遮断され、酸化されにくい状態になります。つまり、削るたびに新鮮な状態でDHAを食べることができるのです。DHA摂取の面から見ても、食べるたびにカツオ節を削ることは重要なのです。

カビつけの効用

- カツオ節の余分な水分を吸い出すため、良いカビ以外繁殖できない。つまり保存がきく。
- カツオ節のうま味が増す。
- カビつけすることによってDHAが増える。
- カビがDHAの酸化を防ぎ、削るたびに新鮮なDHAを食べることができる。
- ダシをとってもにごらない。

3　枕崎カツオ節300年の歴史と伝統

カツオと言うと、高知県や静岡県をイメージする人が多いようですが、実はカツオ節生産量日本一は鹿児島県です。鹿児島県では、全国に流通するカツオ節の約７割が生産されています。

鹿児島県内のカツオ節産地は、枕崎市と指宿市山川の二つがありますが、ここでは枕崎について説明します。

枕崎漁港は全国でも上位の水揚げ量を誇り、中でもカツオ類は安定的に推移しています。そしてここで水揚げされるカツオを使って、日本一の生産量を誇るカツオ節が生産されています。

日本では縄文時代からカツオが食べられてきました。ただ、カツオは腐りやすい魚です。このカツオをどのように長期保存させるかが問題でした。カツオは、生食→素干し（生のカツオをそのまま干す）→煮干し（煮たカツオをそのまま干す）→煮火干し（煮たカツオを火で焙り干す）という過程を経てきたようです。この煮火干しというのも、藁を燃やして水分を取る程度で、主流は日干だったようです。これでは十分に保存することはできません。

現在のように長期保存ができるようになったのは、薪を燃やしてその煙でカツオを燻す「燻乾法」という方法が、1674（延宝２）年に土佐（現在の高知県）で用いられるようになってからです。紀州の甚太郎という人物によって発明されたと言われています。そしてその後、カツオ節へカビをつける方法も見つけだされました。燻乾法とカビつけによって、現在のカツオ節の原型ができあがったのです。しかし土佐藩では、長らくこの方法を門外不出の秘密としてきました。

枕崎に、燻乾法とカビつけによるカツオ節製法が伝わったのは、今から300年以上も前の江戸時代、宝永年間（1704～1710年）の頃です。紀州の森弥兵衛という人物によって、枕崎に伝えられたと言われています。

枕崎では、森弥兵衛によって伝えられたカツオ節製造の伝統をいかし、時に新しい技術も取り入れながらカツオ節製造を行ってきました。

枕崎では、カツオ節製造に欠かせないカツオ漁も発展してきました。さらに、カツオの煮熟に欠かせない良質な水も豊富で、近くの山林からは焙乾に必要な樫やクヌギなども容易に調達することができました。こうした地理的な利点と、カツオ節伝来300年の歴史が融合されて、カツオ節生産量日本一の枕崎を築いてきたのです。

そして枕崎のカツオ節は、今、世界に羽ばたきつつあります。

4　カツオ節を世界へ：カツオ節からKATSUOBUSHIへ

（1）和食のユネスコ無形文化遺産登録とミラノ万博

2013（平成25）年12月、和食がユネスコの無形文化遺産に登録されました。今後、日本の食文化へ、世界からの注目が集まることは間違いありません。日本食のなかでも、ダシ文化は非常に重要な位置を占めます。カツオ節や昆布からとるダシ文化を正しく世界に発信していくことは、生産者として大事な仕事の一つです。

和食が無形文化遺産に登録されましたので、今後は、外国人も日本料理を扱うことが多くなると思います。しかし皆さん、海外でひどい味の日本食を食べたことはありませんか。特にみそ汁などは、ダシがまったくきいていない、単に味噌をいれただけのものがあるのが現状です。これでは、誤った日本食が海外で広まっていく恐れがあります。

2015（平成27）年はイタリアのミラノで国際博覧会（いわゆる万博）が開催されます。ミラノ万博のテーマは「地球に食糧を、生命にエネルギーを(Feeding the Planet, Energy for Life)」がメインテーマです。期間は、2015年5月1日から10月31日までの184日間です。

日本館のテーマ

「共存する多様性（Harmonious Diversity）」

メインメッセージ：

日本の農林水産業や食を取り巻く様々な取り組み、「日本食」や「日本食文化」に詰め込まれた様々な知恵や技が、人類共通の課題解決に貢献するとともに多様で持続可能な未来の共生社会を切り拓く。

サブメッセージ：

いただきます、ごちそうさま、もったいない、おすそわけの日本精神が世界を救う。　（http://www.expo2015.jp/を参照）

日本も、日本館を出展します。和食が無形文化遺産に登録されてから初めての万博ですし、しかもテーマが食ですので、ダシ文化を世界にアピールできるまたとない機会です。この章の筆者である私も、ミラノ万博日本館サポーターの産業界の一員に名前を連ねさせていただいています。

ミラノ万博では、ぜひカツオ節による豊かなダシ文化をアピールしたいと思っています。しかし、一つ大きな問題があります。最高級のカツオ節はカビつけと日干をくり返した本枯節であることはすでに説明しました。しかし、カビがついている本枯節を日本からイタリアをはじめとするEU（欧州連合）へ輸出するためには、EUが課す衛生基準をクリアしないといけないのです。この衛生管理基準は、HACCP（ハサップ：Hazard Analysis Critical Control Pointの略）と呼ばれます。しかし現状では、EUのHACCPをクリアするのは非常に難しいのが現状です。

（2）フランスにカツオ節工場を

枕崎は日本一のカツオ節生産量を誇りますが、EUの厳しいHACCPに適合した製造施設を整備している工場はありません。さらに輸送手段でもHACCPをクリアしないといけません。せっかく和食が無形文化遺産に登録されたのに、ダシ文化の中心を成す本枯節をEUに輸出できないのは致命的です。

図16　カツオ節工場を建設するフランスのコンカルノー

そこで、ヨーロッパの人々に本物のカツオ節を味わってもらうために、EUでカツオ節を生産することを決定しました。場所は、水産業が盛んなフランスブルターニュ地方コンカルノー市です。

2013（平成25）年8月2日、枕崎のカツオ節製造業者21社が中心になって「フランスかつお節施設建設期成会」（大石克彦会長）を立ち上げました。期成会では、これまでに何度もフランスに足を運び、フランスで水産業が盛んなブルターニュ地方コンカルノー市にカツオ節製造工場を建設することを決めました。2014（平成26）年1月にはブルターニュ地方の開発公社職員2名が枕崎の3工場を見学しました。3月には、フランス料理第一人者の上

図17　フランスカツオ節工場建設についてのプレスリリースをする大石克彦社長（中央）

（提供：株式会社枕崎フランス鰹節）

商標登録証

登録第５６８２１５３号

商標

枕崎 鰹節

MAKURAZAKI KATSUOBUSHI

指定商品又は指定役務並びに商品及び役務の区分

第２９類　鹿児島県枕崎市内で製造されたかつお節

商標権者　鹿児島県枕崎市立神本町１２番地

枕崎水産加工業協同組合

出願番号　商願２０１３－１０３４６９

出願日　平成２５年１２月２７日 (December 27, 2013)

登録日　平成２６年　７月　４日 (July 4, 2014)

この商標は、登録するものと確定し、商標原簿に登録されたことを証する。

(THIS IS TO CERTIFY THAT THE TRADEMARK IS REGISTERED ON THE REGISTER OF THE JAPAN PATENT OFFICE.)

平成２６年　７月　４日 (July 4, 2014)

特許庁長官

伊藤　仁

図18　枕崎鰹節の商標登録証

（提供：枕崎水産加工業協同組合）

柿本勝シェフも枕崎を訪問し、カツオ節の製造方法、ダシのとり方などを学んだことが地元の新聞にも取り上げられました。2014（平成26）年4月22日、「株式会社枕崎フランス鰹節」（大石克彦社長）を設立しました。食の本場フランスでも、そしてEU全域でも本物のカツオ節が広まっていくことを願ってやみません。

カツオ節は日本だけで食べられる食材ではなく、KATSUOBUSHIとして世界に通じる食材になって行く日もそう遠くないと考えています。HONGAREBUSHI、MEBUSHI、OBUSHIと言った言葉が、世界に広まっていくことを考えるとワクワクします。そして世界中の人たちに、カツオ節を実際に削ってもらいたいです。

そして枕崎も、カツオ節の本場として世界の注目をあつめるMAKURAZAKIになるように、300年培ってきた伝統をもとにさらに進んでいきたいと思います。皆さんには、日々の生活のなかで豊かなカツオ節ライフを楽しんでいただき、一人でも多くの方がカツオ節を削るようになっていただくことを望んでやみません。

第2章

日本の食卓を無形文化遺産のステージに！―うまく使おうカツオダシ―

山下 三香子

1　無形文化遺産　あら！　我が家に

（1）うま味がつくる無形文化遺産

2013（平成25）年12月、和食がユネスコ無形文化遺産に登録されました。日本人にとって和食は無意識に刷り込まれた食文化です。ご飯とダシのうま味が効いた和食は、本来脂質が少なく、主菜、副菜を整えることで脂質への偏った食事を防ぐことができ、平均寿命世界一を導いた健康的な食事として世界で注目されています。和食のうま味は、ダシに使うカツオ節や昆布、煮干し、干椎茸、調味料の味噌、醤油などが代表的です。

うま味の発見は、1908（明治41）年、池田菊苗博士によって昆布のうま味グルタミン酸が発見され、1913（大正2）年には、小玉新太郎氏によってカツオ節のうま味イノシン酸が発見されました。そして1957（昭和32）年、国中明博士によってきのこ類に含まれるうま味成分グアニル酸の発見と同時に、「うま味の相乗効果」（例えば、単品で使うよりも昆布とカツオ節でとったダシはうま味が6.5倍以上の味になる効果）が報告されました。実にこれらの発見は、和食の神髄ともいえるうま味の大発見でありましたが、このうま味を理解しえない欧米人には長い間認めてもらえませんでした。というのは1923（大正12）年ドイツ人のヘニングが、味には甘い、酸っぱい、苦い、塩からいの四つの基本味があるという「四原味」説を唱え、欧米の学会で広くその説が認められたからです。しかし、ようやくうま味の存在が認められ

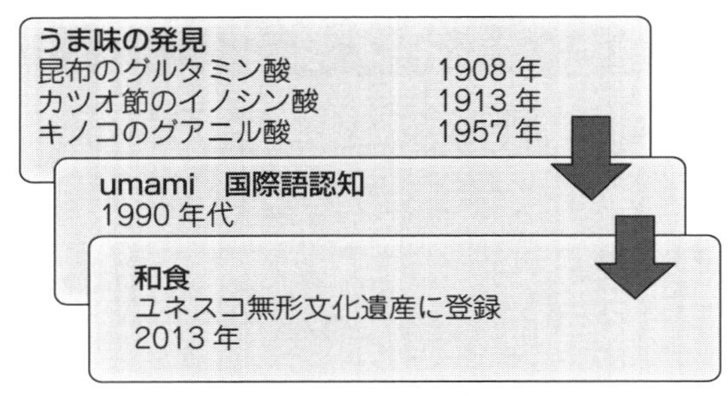

図１　うま味の変遷

たのは約百年後で、学術的には1990年代にumamiが国際語として認知され、ニューヨークタイムズ紙でも５番目の基本味として大きく報じられました。今ではうま味の健康的な効果とダシの風味が広く世界に認識されるようになりました。

(２)離乳時からうま味

味覚は基本味と言われる甘味、酸味、苦味に塩味、そしてうま味が加わり五味になりました。生後最初に味わう母乳には、甘味（乳糖）とうま味（グルタミン酸）が含まれ、酸味は腐敗、苦味は毒と生命を守るための味覚で、塩味は後天的な味覚です。塩味は濃い味に慣れてしまうと味が濃くないとおいしいと感じられなくなってしまいます。

風味となると、臭覚が強く関係しますが、風味に対する嗜好は後天的なもので、食文化というか、地域や家庭によって育てられていくものです。家庭の味が安心な味となると、匂いも安心な匂いとなり同時に記憶され、その後の人生に影響していきます。つまり味は食卓で無意識に刷り込まれていく食文化、嗜好なのです。嗜好の形成には、乳幼児期の離乳から10歳頃までが脳の発達とともに重要であることもわかってきました。おいしいという感覚の大半は学習するということ

甘味	エネルギー
うま味	たんぱく質・だし
塩味	塩（ミネラル）
酸味	有機酸（発酵・腐敗）
苦味	大量なら毒、少量なら薬

図２　五原味の役割

で、魚のおいしさも習わなければ生臭いだけです。食文化を伝え、健康的な日本の食生活を引き継ぐという意味で、親の嗜好を子供に教えることは十分に意味があり、離乳期のダシの経験は、その後の人生の嗜好を大きく左右することになります。

(3)和食の原点、調味料・ダシ

海に囲まれた日本は、限られた資源と閉ざされた空間で、長いこと肉食厳禁でありました。このことがうま味を求め、日本食の原点にダシと味噌、醤油が確立され、日本食が守られ培われてきたものと考えます。人間が本能的に求める味覚に甘味とうま味があります。甘味はエネルギーを意味し、糖質をはじめ炭水化物は和食では主食であるご飯を意味しています。うま味はアミノ酸や核酸、つまり主にたんぱく質の肉や魚の主菜にあたります。本能的に求める味覚は命をつなぐ大切な栄養素です。日本では、たんぱく源としての肉を食べてこなかった歴史が本能的にうま味を求め、乾燥や発酵という加工技術を発展させたと言っても過言ではないでしょう。

カツオの茹で汁を煮詰めたものに煎汁(いろり)(カツオ節を煮る工程で煮釜にのこる汁を、粘りが出るまで煮詰めたもの)やカツオの胃袋や腸管を塩蔵したいわゆる塩辛に当たる「酒盗」がありますが、古くは調味料として使われていたようです。それが、室町時代には魚から作る魚醤に、そして主に大豆を使った味噌から現在のような醤油に変化していきました。新鮮な魚にはうま味が少ないため、発酵という過程でうま味が増した醤油を刺身につけて食べたものと思われます。しかし、今のように冷凍機器がなかったため生の魚は傷みやすく、うま味を熟成させたカツオ節がつくられたことは納得できます。そしてカツオ節と昆布からおいしいダシがとれ、香り高いダシは汁物や煮物やあらゆる料理のベースに使われ、香り、味と同時に風味を楽しむ日本食が、一汁三菜(二菜)の「本膳料理」として確立されていきました。

その後明治時代になって、和食という言葉が生まれました。明治の文明開化によって、肉類を食べることが解禁され、西洋料理・中国料理などと区別する意味で、和食という概念が成立したようです。

2　ダシ（うま味）はうれしいノンカロリー

（1）ダシの香りとうま味

世界中では様々なスープが飲まれ、煮たものすべての汁にうま味が出て、それぞれの味を出しています。和食で言うダシとして中核をなすのが、日本固有のカツオ節や昆布からとるダシです。このダシをおいしいと感じるのは、ダシを口にする前の香りから始まります。

まずカツオ節は、何と言っても削りたての香りは格別です。その香気成分には、カツオ節製造過程の燻煙中に多く含まれる強い酸化防止作用がある「フェノール類」と焙乾に伴って徐々に増加していく香ばしさの「ピラジン類」があります。さらにカビつけしたカツオ枯節は「ベラトロール」という香気成分が生成され、マイルドな香りを呈し、生カツオの生臭い臭いからカツオ節の香りへと時間をかけて変化していきます。しかし、カツオ節の香気

表1　ダシの素材

	和食のダシ	ブイヨン・コンソメ（西洋） 湯（中華）
素材	乾燥素材 （昆布、カツオ節、煮干し、 干椎茸など）	生の素材 （鶏肉、牛肉、魚、骨、野菜、 香辛料など）
素材の 加工時間	最上級の昆布 2～3 年寝かす カツオ節　3～4ヶ月以上	なし
調理時間	短い （数分～数時間）	長い （数時間～数日）
脂質	ほとんどない	比較的多い
エネルギー （カロリー）	非常に低い 若竹汁１杯（150cc）　15kcal*	比較的高い ポタージュ（150cc）　154kcal*
味	さっぱり	濃厚

*筆者のレシピを「日本食品成分表」により算出

成分は、これまでに400以上の化合物が同定されていますが、香りの再現はできていません。カツオ節の香りは多くの成分の微妙なバランスにより形成されていると考えられています。

次に昆布についても説明します。昆布も、海に生えている海藻を単に採ってきただけではありません。採れたての磯臭さを抜くために、少し時間をおき寝かせます。特に最上級の利尻昆布は「蔵囲い」といい２～３年も寝かせます。そうすることによって、磯臭さが芳醇な香りに変わっていきます。カツオ節も昆布も、ダシをとるための調理時間は短いですが、製造段階では実に多くの時間が費やされているのです。

日本の一般的なダシはカツオ節と昆布でとりますが、カツオ節のイノシン酸と昆布のグルタミン酸の相乗効果で、単独で使うよりも両方使うことで6.5倍以上ものうま味が増します。すると、(1) 香り高く、(2) 見た目がきれいな琥珀色で、(3) おいしくて、(4) しかもエネルギー（カロリー）がほとんどないダシをとることができます。日本のダシは、まさに「風味」という言葉で表現されるのがふさわしいものなのです。そしてこのダシは、みそ汁にも、煮物にも、鍋にも、うどん・そばの汁にも使われ、季節の食材をうまく生かしています。それだけでなく和食は、味わう前に見た目と香りを、そして口に入れて、歯ごたえ、食感、のど越しまで楽しめます。またダシの効いたすまし汁に香りのある野菜や柑橘系の皮を吸い口として少量使います。日本では椀を手に持ち、口元に近づけて汁を飲み、五感を通した味わいを大事にしてきました。

その他に和食では、「煮干し」、「干椎茸」、「貝」からもダシをとります。煮干しのイノシン酸と椎茸のグアニル酸、この他に貝に含まれるコハク酸など独自の風味を味わえます。先人の知恵により、これらのうま味成分をうまく組み合わせることで、中華料理とも西洋料理とも異なった独特の味わいがもたらされました。

一方、中国料理の「湯（たん）」や西洋料理の「ブイヨン・コンソメ」などは、和食のダシと違い生の肉や骨から時間をかけて煮込んでいくことになります。

湯もブイヨンにもイノシン酸とグルタミン酸が含まれていますが、日本のダシと決定的に違う点があります。それはエネルギー（カロリー）です。湯やブイヨンは肉を使うため、油脂類が出てきます。そして味を調えるためと肉臭さを消すために香辛料が使われます。そのためにどうしても濃厚な味わいになってしまい、和食の汁とは比べものにならないほど高エネルギー（カロリー）となります。

（2）ダシと水の微妙な関係

ダシのうま味成分は、水によっても大きな違いができます。日本の山と森に囲まれた地形が生んだ豊かな水は軟水で、カルシウムなどのミネラル分を多く含んだヨーロッパの硬水とは違います。硬水は、硬い骨や肉を長時間煮てダシをとる西洋のスープに合う水です。一方、軟水は癖のないさっぱりした水で、ダシをはじめ緑茶や煮物、吸い物、野菜の茹でものなど、素材の味や成分を穏やかに引き出すのに向いています。また、米も軟水で炊いた方が吸水、浸透がスムーズで、ふっくらと炊きあがります。

しかし、日本の中でも地域によって水の質が多少異なりますが、沖縄以外は主に軟水です。大きく分けて、関東の水は軟水でも関西の水より若干硬度が高く、主に本枯節を使っていたようです。うどんの汁が代表的で、関東はうま味を強めるため濃口醤油で濃い色になっています。一方、関西は関東より軟水で、薄口醤油にうま味をたすため荒節を使い、うどんの白さを損なわない透明な汁になっています。同じ関西でも京都は大阪より硬度がさらに低い軟水で、京料理に代表されるように主に本枯節で濁りがなく、調味には薄口醤油を使い薄味で素材の風味と色彩を引き立たせた料理になっています。その他、沖縄はカルシウムの多いサンゴ礁でできているために水の硬度が日本一高く、濃いうま味を出すため厚切りの荒節を使い長時間煮てダシを取る方法がとられています。その方法は、沖縄の代表的な料理ソーキソバで見られるように豚に負けないダシをとるためで、ラーメンに似たところがあります。

地域による水の違いもさることながら、風味を生かした本枯節や、うま味を強く出すための荒節、その他用いる素材から溶け出す成分が複雑に関与し、それぞれの個性を生かしたダシがとられているようです。

先人が築き上げた誇るべき和食の神髄「一番ダシ」は、長い時間をかけて作られたカツオ節と昆布、そして軟水からもたらされたものです。そして、調理方法は、カツオ節の雑味が溶け出す前のおいしいエキス成分のみを優先的に溶かし出す短時間の抽出方法がとられています。

（3）健康的なうま味の力

和食の優れた点は、うま味の効いたダシにあるといえますが、そのうま味成分のグルタミン酸は、うま味だけでなく健康的にも優れた成分といえます。

グルタミン酸が含まれた食事を摂取した際、食物が胃に到達すると、消化吸収が始まる指令がすぐさま脳から消化器に伝達され、同時に食欲も低下させます。つまりグルタミン酸には過食をストップさせる働きがあるといえます。一方、ファストフードやお菓子に多く含まれている糖質や油脂は、過食を招きやすいことが、伏木らの動物実験で明らかにされています。お菓子を食べた時にやめられない、止まらない、別腹というのはよく耳にすることです。

また、食事によって引き起こされる熱産生を「特異動的作用」と言います。つまり、食後の消化・吸収と体温が上昇するためのエネルギー消費すること

表２　うま味と糖質・油脂の違い

	グルタミン酸	糖質（炭水化物）や油脂（脂質）
味	うま味	甘さと香ばしさ
エネルギー（カロリー）	昆布ダシ（4kcal/100ml）はノンカロリー（5kcal 未満/100ml）	高カロリーになりやすい 炭水化物　1g4kcal 脂質　1g9kcal
脳への伝達	食欲抑える指令	やみつきになり 過剰摂取になりやすい
特異動的作用	体温が上昇する	体温上昇ほとんどない
主な食べ物	ダシ、母乳等	お菓子や揚げ物等

です。それは、特にたんぱく質のグルタミン酸による効果が高く、グルタミン酸の多い食材とダシを効かした料理によって、効果的なダイエットが期待できそうです。ちなみに糖質や油脂の多いスナック菓子や洋菓子ではグルタミン酸のような発熱現象はほとんど生じません。

血管拡張	疲労改善	美容改善
・血圧降下作用 ・脳血管障害予防	・肉体疲労 ・眼精疲労 ・精神疲労 ・ストレス	・乾燥肌 ・荒れ肌

図３　カツオ節の効能

ご飯とダシの効いたみそ汁やすまし汁をゆっくり味わうことで、満足感が得られるため過食せずにすみます。伝統的なダシの効いた和食を習慣づければ、うま味を中心とした「嗜好性」の高い食事ができ、一生肥満になりにくい活動的な日常生活を送ることができると考えられます。

一方、和食の欠点は、食塩を原料としてつくられる味噌、醤油で味をつけることが多いため、食塩を摂り過ぎることです。また食塩から起因する生活習慣病もあり、いかにして減塩ができるかが課題です。そのためにダシを効かすことは、ダシの風味で調味料を少なくすることです。このことは、天然のカツオダシとカツオダシと同等のうま味はあるが他の風味は無いグルタミン酸ナトリウム溶液（うま味調味料）をダシに使った卵豆腐の実験で明らかになりました。

①一般的な塩分濃度0.9％程度のグルタミン酸ナトリウム溶液の卵豆腐

②塩分濃度0.75％のグルタミン酸ナトリウム溶液の卵豆腐

③塩分濃度0.75％のカツオダシで作った卵豆腐

その結果、①はおいしかったが、②はおいしくは感じられなかった。一方③はおいしかった。つまり、カツオダシを使うことで塩分濃度を少なくすることができ、通常使うカツオ節を２％から５％まで上げることで、塩分濃度を少なくしてもおいしいダシのきいた料理となります。

さらに、カツオ節と昆布の混合ダシでは、「うま味の相乗効果」で、通常よりも20％塩分濃度を減らしてもおいしさは損なわれません。また、薄味を好むグループは、日頃から天然ダシ由来の風味のある薄味の味噌汁を日常的に飲んでいることも分かりました(真部真理子「だしの風味と減塩」日本料理科学会誌Vol.44、No.2. 191~192（2011))。（食塩は調味料を表わし、塩分濃度は加えた調味料のダシに対する食塩相当量の濃度である。)

塩味は後天的な味覚で、離乳期からの早期に天然のダシを使うことで減塩ができます。この他にもカツオダシには、アンセリン、カルノシンが含まれています。これらの成分は、血管を拡張させる血圧降下作用や継続的摂取により現代人の慢性的肉体疲労、眼精疲労、精神疲労、ストレスなどの改善、気分回復効果、乾燥肌・荒れ肌改善効果、脳血管障害の予防作用が多数報告されています。

（4）おいしいダシのとり方

ここで皆さんにおいしいダシのとり方を紹介します。ダシをとるのは面倒と思っている方も多いかもしれませんが、一度覚えてしまえば簡単です。そしてダシのとり方にはすべて意味があります。濁りと雑味を出さないための工夫が凝らされていて、まさに日本人の知恵が結実しているのです。

まず大事なこととして、(1）ぐらぐら長時間煮ないこと、(2）かき混ぜない、そして、(3) 80 ～ 90℃の温度を保つことです。沸騰させすぎたり、温度が低すぎたりすると臭いが強くなります。そして、(4）布巾やクッキングペーパーで漉すことが重要です。漉したあとの布巾やクッキングペーパーは絞ってはいけません。雑味が出てしまいます。ダシ袋（ダシを漉すための袋）を使う方法は、すでに江戸時代の「料理塩梅集」に記載されています。

ダシのとり方や分量は実に様々で、ここでは、一般的な方法を紹介します。

一番最初に取ったダシを一番ダシと言い、すまし汁などに適しており、一番ダシでとった昆布とカツオ節を再び鍋にもどし、水を加えて沸騰してから２～３分煮ると二番ダシができます。多少濁っていますが、煮物などに使えます。また、ダシがらは佃煮にしたりします。枕崎では千切りキャベツとマヨネーズで和え、パンに挟んでカツオサンドにしています。その他、味噌せんべいやふくれ菓子（蒸し菓子）にも入れられます。

一番ダシの取り方

材料　　水　1ℓ（みそ汁4～5杯分）　削り節　40～50g　ダシ昆布　20g

1　あらかじめ昆布を水に浸けておきます。

2　弱火でゆっくり温度を上げ、煮立つ前に昆布を取り出します。

3　沸騰したら、削り節を入れて、すぐに火を消します。

4　削り節が沈んだら（薄く削ったカツオ節は沈みにくいため1分程度）、布巾などで濾します。

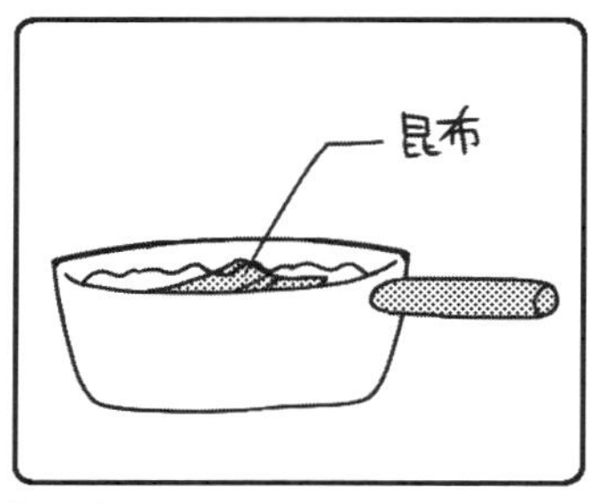

①昆布を事前に水につけておく

②鍋を火にかける

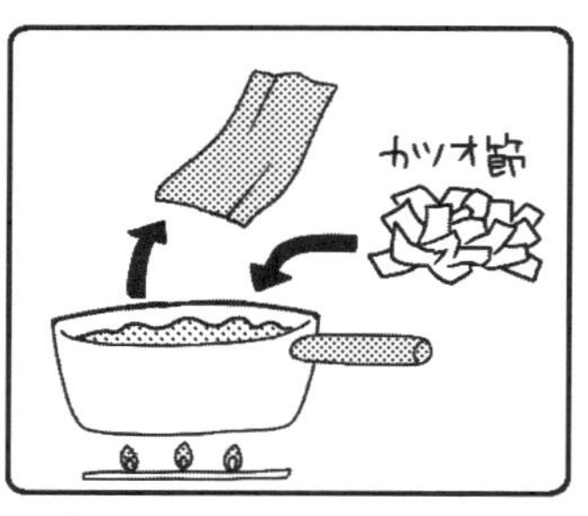

③90℃程度（目安は昆布が浮くくらい）になったら昆布を取り出しカツオ節を入れる

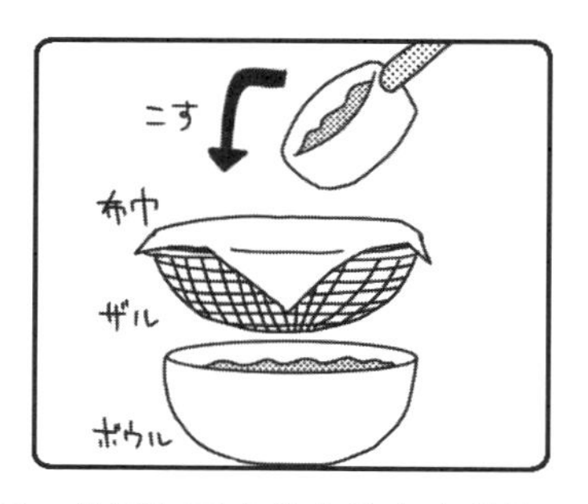

④一分程度で火を止め布巾を使ってダシをこす

（イラスト：下薗秋穂）

（5）避難袋にカツオ節

①保存食品の知恵

日本は資源が少なく、輸入に頼らなければ…ということは、よく耳にしたことですが、高度経済成長期以後食料自給率の低下は著しく、近年は40%に満たない深刻な状況です。日本は四方を海に囲まれ、山紫水明、瑞穂の国、春夏秋冬の旬があります。その一方、これほどまでに自然災害の多い国は先進国の中でも少ないのではないでしょうか？　それ故に、気候風土と災害から得た保存食の知恵が多く、いつ何が起こるかわからない災害に対処してきました。これほど豊かな自然と食の知恵のある国が他にあるでしょうか？これらの知恵を、後世に伝えていかなくてはなりません。

日本人の保存食品の知恵は、乾燥、塩蔵、砂糖漬け、酢、煙（燻製）、灰、葉っぱで包む、発酵などの方法により、食材のうま味を濃縮させ栄養価を高くするなどの利点があります。ダシに使われる昆布や干椎茸、煮干しは乾燥という方法で、カツオ節は煮て、燻して、乾燥、カビの力で発酵という方法がとられています。すべての食材は水分が減少し、うま味と香りを凝縮させ、更にダシをとることによって、うま味が十分にいかされた料理へと変化しました。

カビをつけるカツオ節同様に味噌、醤油も発酵食品です。これらの発酵食品ではカビが重要な働きをしています。湿気の多いアジア、中でも日本ではカビの力を多様に活用しています。乾燥しているヨーロッパではカビが育たないため、せいぜいカマンベールチーズやブルーチーズだけに利用されています。カツオ節はカビをつけることで水分を荒節23%からそれ以下にかなり下げ、食品を腐らせる微生物が繁殖できない状態にするため保存に適しています。避難袋にカツオ節を一本入れておくと、そのまま食べてもいいですし、次に紹介するような「茶節」という簡易みそ汁にすることもできます。

②非常食でクッキング

カツオ節は保存に十分耐えうる食品ですが、今は真空パックされている生利節や削りたてのカツオパックなど様々なカツオ節関連食品があります。同様に保存性のある味噌さえあれば、あとはお湯（お茶）を注ぐだけでできる手軽な「茶節」があります。鹿児島では、「気根の薬」として昔から飲まれています。日本人が慣れ親しんだカツオ節とダシのきいたみそ汁の味と香りは、疲れた心と体を癒してくれます。また、非常時でもカツオ節からはたんぱく質を、生利節からは貧血予防の鉄分を摂ることができます。

茶節

材料　削り節　器（湯のみや汁椀など）7～8分目
麦味噌　10g
＊ネギ（小口切り）小さじ1、生姜（みじん切りかおろし）小さじ1/2
お湯又はお茶　適量
＊薬味としてネギや生姜などがありますが、無くても十分おいしいです。

作り方

1　器（湯のみや汁椀など）に削り節と麦味噌、あればネギ、生姜を入れます。
2　その上からお湯（お茶）を注ぎます。
3　箸でよく混ぜて、味噌をしっかりときます。

3　カツオ食育でつながる地域

（1）日本どこでも和食食育

食育は、2005（平成17）年に「食育基本法」として立法化されました。この成立の背景には、近年の急速な食生活の環境変化があります。このまま食生活が変化していくと、生涯にわたって健全な心身と豊かな人間性を育むことができなくなってしまうのではないかと危惧されています。そして、食育基本法第18条第1項に基づく市町村食育推進計画の策定が全国で進められ、国民全体で取り組むため、「食事バランスガイド」も発表されました。

また、2013（平成25）年にはユネスコ無形文化遺産に和食が登録され、今後和食をいかに国民に浸透させ実践させていくかが課題となりました。これまで何気ない生活の中で親から子に受け継がれてきたものが、今や地域や国全体で関わらなければならない事態にまでなっています。

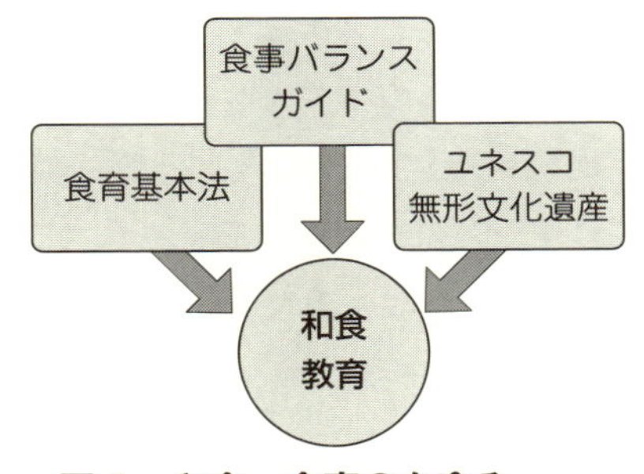

図4　和食・食育のあゆみ

では、食育で普及するべき食事とはどのようなものなのでしょうか。それはやはりご飯と、カツオ節をはじめとする天然ダシをいかした料理です。そしてこうした食事は、日本人のアイデンティティーを築くうえからも重要と考えます。

次に何故食事にダシが必要なのかを説明します。人間の脳のニューロン数は乳幼児で増え、10歳までに整理されていきます。その間に味覚や嗜好が形成され、その後の人生に大きく影響します。そして、嗜好の形成には学習が必要です。そうした学習は、日々の食卓での積み重ねこそが大事です。

10歳までの大事な時期に中華や西洋料理のように比較的脂質の多い食事を多くとると、嗜好が脂質に偏り肥満を招きやすくなります。

和食のダシを中心に据えた「食育」を通して、日本の食文化を守ると同時に、健康へとつなげることが重要となります。また、食育に取り組むことは、地域の農産物を見直し、地域文化・歴史の掘り起こし、地域の活性化、さらに疾病予防、健全な心身育成へとつながります。食育の推進には、地域内の連携と、地域住民が主体的に関わることがカギとなります。

次は、共通の食育のツールとして使われる食事バランスガイドについてみてみますと、その基本にあるのは、一汁三菜という日本型食生活にあります。和食で考えると主食にご飯、主にダシを効かした主菜や副菜、汁などのおかずが一汁三菜となります。その和食の食材は、大豆製品や野菜と魚などが主な伝統的なものです。世界的に見れば、日本人一人当たりが食べる魚の量・種類も圧倒的に多いですが、時代が経つにつれ、魚の摂取量が年々減少傾向にあり、肉の摂取量に逆転されてきています。その理由に、肉に比べてボリューム感がなく満腹感が得られない、割高、料理が面倒、魚焼きグリルを洗うのが大変、魚の臭いを残したくない、後片付けが面倒、廃棄が沢山出る、魚介の調理法を知らない、魚の骨を取り除くのが面倒、魚は子供が嫌い、などがあげられます。東京近郊の小中学生(小学４年生から中学３年生400人)に嫌いな料理を聞いたところ、第１位はなんと魚全般となっていました(2004（平成16）年、農林中央金庫「親から継ぐ『食』、育てる『食』」)。小学生ではすでに嫌いになっていることがわかります。その背景には、親が魚料理を敬遠していることがあるようです。

幼児の頃から魚食の体験をすると、余計な先入観をもたずに魚に慣れることができます。そういう魚食を積極的に食育の中に取り入れて実践されているところが、枕崎市のまくらざき保育園です。

春にはカツオを解体し、年齢ごとのカツオ食育を行っています。どの子も目を輝かせて匂いを嗅いだり触ったり、料理したりと興味津々です。また、子供への一番の食育の担い手は保護者であることから、保護者への郷土料理講習会を開催したり、体験を通して食について学ぶ機会を作っています。魚以外にも野菜を育て、もぎたてを食べたり、料理をしたりします。この時期での食の体験は、五感を通じて「食べること」で「口の機能」を高め、強いては心の発達や脳の活性化、情緒の安定につながります。

乳幼児は、初めて食べるものにはけげんな顔で警戒して食べることを拒みます。しかし、食べやすいように調理して、少量ずつ無理強いせず、根気強く繰り返し食べさせることで次第に慣れていきます。そして、みんなで楽しい雰囲気で食べることが、食域を広げていきます。つまり、離乳期・幼児期から多様な食べ物の味を経験させ、好ましいものとしてしっかり刷り込み、食べ物本来のおいしさの分かる能力を獲得させます。食経験を積むことで、脳細胞が活発に働き、おいしいと感じることで消化吸収が高まり、味覚を発達させます。味覚の発達をもたらすのは、味を感じる細胞の機能が高まるからではなく、脳での識別能力、判断力が高まる結果だと考えられています。

また、和食の一汁三菜の食べ方を見てみると、三角食べとよく言われるように、ご飯と汁、おかずを交互に食べる方法がとられます。当然味の変化と食べる順番、手の運び、おかずによって箸を持つ指の力の加減、器を持ち香りを感じながら汁を飲む食べ方など複雑な機能が求められます。

食材本来の味を生かしつつ薄味にすることは、味覚識別能力を敏感にします。また、１歳頃の手づかみ食べは、手と口の協調運動で物性を感知でき、咀嚼(そしゃく)は本能的な能力で心を落ち着かせる効果があると言われています。３歳までの香りや味は記憶として残りませんが、繰り返し食べた食物の香りや味、その時の情動は一体となって無意識のうちに古い脳（大脳辺縁系）に保持され、３歳以後はその繰り返しの無意識の記憶が新しい脳（大脳皮質）に移され、長期に保存されるようです。例えば、味噌やダシを使った日本食本来の食べ物を繰り返し食することで、脳の心地よい状態が古い脳に残り、ご飯やカツオ節、みそ汁の香り、台所から聞こえてくる野菜を刻む音、食事の風景、家族団らん等の記憶が、みんなと食べる楽しさへと結びついて、大人になっても懐かしく思い出されることになります。どこからともなくふっと鼻をかすめた香りに昔の思い出がよみがえる、なんてことは誰しもあると思います。幸せな思い出とともに食がある環境作りが大切です。アメリカ原住民族ネズバース族が語り継ぐ言葉に「食べている子供に語れば、親が去った後にもその記憶は残る」と言われています。つまり食卓での会話は、まさに親から子への食育であります。

食べ物本来のおいしさの分かる能力を獲得させるために、味覚体験をより充実させ味覚の幅を広げ、単調でなくいろいろな味を経験させ、偏食が無いようにすることにより、その後の人生をより生命力にあふれ、豊かなものにすることができます。脳が基本的に完成する３～６歳の食経験と、前頭連合野が発達する小学生までの食育は非常に重要とされています。

（2）食育は地域のキーパーソンが重要

食育には地域の農水産物を一つのツールとして、官民協働で取り組むことが不可欠です。地域の強みと弱みを整理し、それぞれの立場をリードするキーパーソンが重要です。

枕崎市を例にしますと、食育・地産地消推進計画が、2013（平成25）年から2017（平成29）年までの５年計画で「笑顔と健康で豊かな食生活をめざして」と題して発表されました。枕崎市はカツオ節生産日本一の地域です。日本人の和食離れは、当然カツオ節生産にも影響しています。今後、カツオの町枕崎からカツオを使った食育をどう発信していくかがポイントになると思います。以下に示すのは、枕崎での取り組みの一例です。

まず、食育の始まりは言うまでもなく人生のスタートとなる０歳からの保育園、幼稚園、その後は切れ目なく小学校…、そして世代間を超えて地域で取り組むことが重要です。また家庭の中で保護者に家庭の味を大切にしてもらうことです。そのために「郷土食料理講習会」を保育園等で行っています。

①保育園でのカツオ食育

枕崎市の保育園では、「枕崎市保育園給食会」という40数年に及ぶ会があり、給食担当者が給食改善を目的に月１回の頻度で集まり、カツオの良さを知ってもらい、安心しておいしく食べてもらうためのカツオレシピを開発しています。魚離れが進んでいる現状は枕崎でも同様で、若いお母さんへ実践的なカツオ食育を展開しています。

その食育意識を高めている立役者が、まくらざき保育園園長の俵積田恵美子先生です。この保育園の食育は、小学校就学前までを段階的に捉え、食育計画にカツオ食育を組み込んでいます。食育の目的は、「日々の生活を通じて食を楽しむことをねらいに、各年齢の発達を踏まえ、様々な菜園、クッキングなどの体験活動で食を育み、人と関わる力や思い合う心を養い、健康な心身の発達と自分で判断して行動できる自律心の育成を目指す」とあり、食

表3　年齢別食育活動（まくらざき保育園活動内容に一部追加）

	0歳児	1歳児	2歳児	3歳児	4歳児	5歳児
健康	おなかがすく生活リズムを身に付け、喜んで食べ、心地よい生活を味わう	探索遊びで十分に体を動かし空腹感を味わい、喜んで食事をする	いろいろな種類の食べ物や料理を味わい、最後まで食べようとする意欲を育む	できるだけ多くの種類の食べ物に興味を持ち、料理を味わう	自分の体に必要な食べ物に興味を持ち、嫌いな食べ物でも自ら食べようとする	健康と食べ物の栄養に気付き、食生活の基本的な習慣や態度を身に付ける
人間関係	保育者との愛着関係のもと、食べることを楽しむ	一緒に食べる人に関心を持ち、かんで味わう経験を通して食欲を育む	楽しい雰囲気の中で他の子どもとの関わりを知り、一緒に食べる楽しさを味わう	友達と一緒に食べる楽しさを知る	食の場を共有する中で、友達との関わりを深め信頼関係を養う	食を通じて感謝の気持ちを育み、人と関わる力を養う
文化	手づかみで食べたり、スプーンに興味を持ったりして、自分で食べようとする	食前の手洗いやあいさつが自分でできる	食生活に必要な手順に関心を持ち、自分で進んで身に付ける	いろいろな料理に出合い、様々な食材に気付く	地域の食文化に気付き、季節の食材に興味を示す	様々な食文化を体験し、食事のマナーを身に付ける
命	身近な野菜を見て、触れる	野菜の収穫やおやつ作りで食べ物に興味を持つ	菜園活動など野菜や食材に関心を持つ	自然の恵みを知り、感謝の気持ちで食事を味わう	野菜の栽培や収穫などの体験を通して、命をいただくことに感謝する	自分たちで育てた野菜を食べて命の大切さを知る
料理	いろいろな食べ物を見る、触る、味わう、嗅ぐ経験を通して食欲を育む	食べ物の好みが偏らないように、少しずつ意欲的に食べる喜びを味わう	自分で作るおやつ体験を通して、食べる楽しさを感じる	身近な食材を使って調理を楽しむ	収穫した食材を調理する楽しさを知り、食への関心を深める	自ら食材に関わり調理することで、手伝う（つぐ、食器洗い）意欲や自立心を育む
運動感覚	手で握る 握っていた手が開く 目と手の協応のはじまり	歩行、親指と人さし指の機能	歩行の複雑化、指先・手先の器用な動き	身体を動かす力、指先の動きの発達 クッキング活動（とる、切る、つぶす、まぜる、つける）	運動調節能力、手先を使った能力 ホットプレートで焼く、クリスマスケーキのデコレーション	多様な運動機能、手先を上手に使う 農業体験（田植えから米の脱穀、米を炊いて、おにぎりを作るまで）
カツオ体験		びんたと腹皮を食べる	鮮度のよいカツオを手で触る		匂いを嗅ぐ カンナ式削り器で削る 観察する	

図5　骨までしゃぶる魚食
（提供：まくらざき保育園）

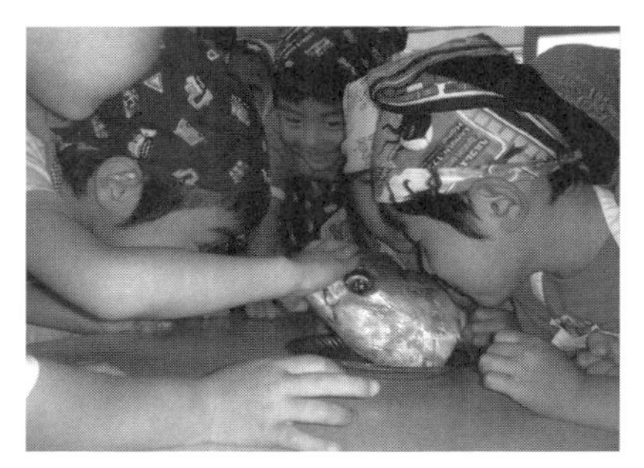

図６　五感で感じる魚食
（提供：まくらざき保育園）

を健康、人間関係、文化、命の育ち、料理の５つの観点からとらえ、表３に示すような段階を家庭、地域と連携して取り組んでいます。

②地域の食育

地域では「枕崎の食を考える会」があり、自称“百姓”と名乗る地域の農業を熟知した会長山﨑巳代治さんと、まくらざき保育園園長俵積田先生、管理栄養士の鮎川ゆりこ先生（後述する）など35名の多くの職業の方々で構成されています。2008（平成20）年から保育園児をはじめ、小学生（児童クラブ）、保護者、その他大勢の地域の方々を巻き込んで活動しています。活動目的は、「枕崎を中心に南さつまの自然の中で「いのち」を育み、食・農・文化を未来に伝えていく」とあり、地域に根ざした総合的な食育活動です。

体験型食育は、大人500円、小学生以上300円、小学生未満無料のイベントです。

また、小学生を対象にカツオやカツオ節を通して郷土への理解を深めてもらおうと、体験学習と筆記試験を組み合わせた「子供版カツオマイスター検定」が行われています（主催　枕崎カツオマイスター検定推進協議会）。

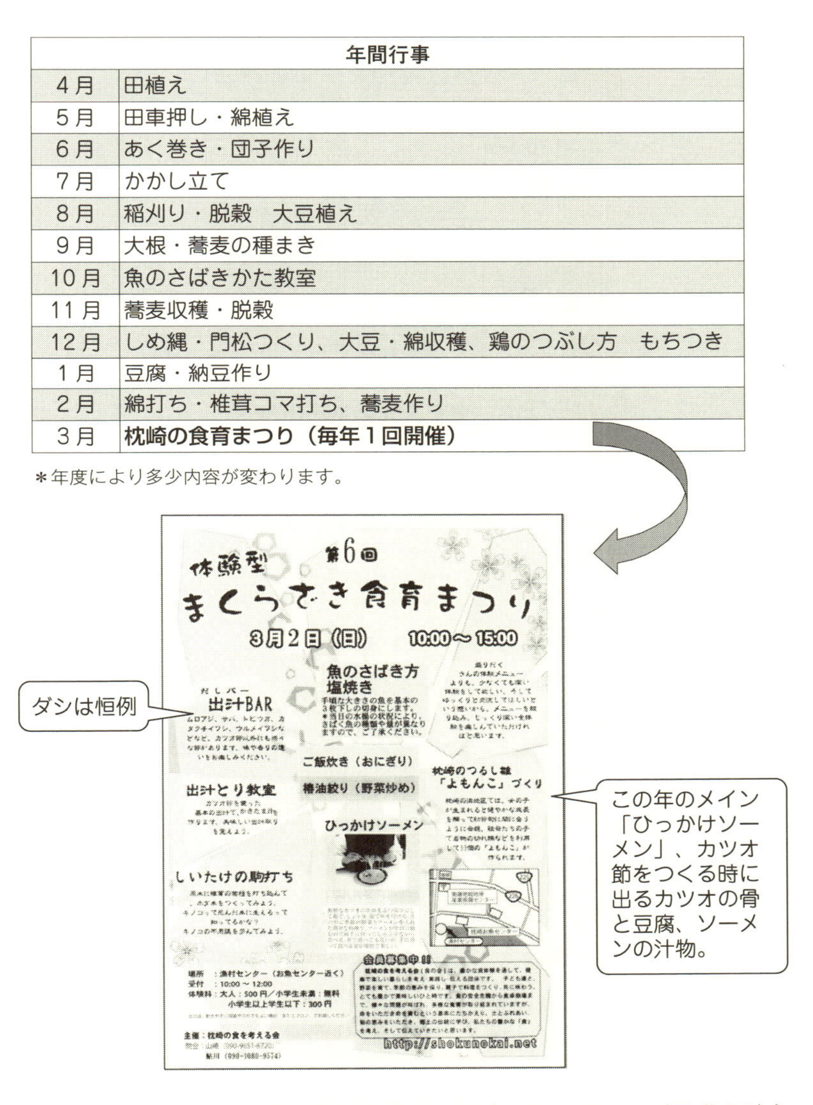

年間行事	
4月	田植え
5月	田車押し・綿植え
6月	あく巻き・団子作り
7月	かかし立て
8月	稲刈り・脱穀　大豆植え
9月	大根・蕎麦の種まき
10月	魚のさばきかた教室
11月	蕎麦収穫・脱穀
12月	しめ縄・門松つくり、大豆・綿収穫、鶏のつぶし方　もちつき
1月	豆腐・納豆作り
2月	綿打ち・椎茸コマ打ち、蕎麦作り
3月	**枕崎の食育まつり（毎年1回開催）**

＊年度により多少内容が変わります。

図7　枕崎の食育活動·年間行事と食育まつりポスター 2014（平成26）年

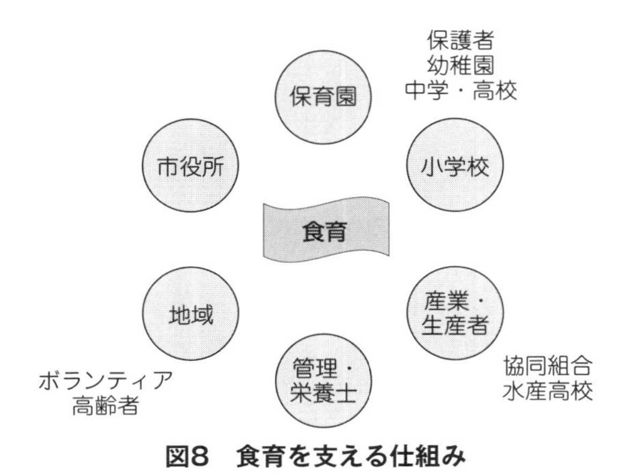

図8　食育を支える仕組み

③地域の食と健康

食を健康と栄養、更に食文化の面から考え、食の意識改革を行っているのが、管理栄養士の鮎川ゆり子先生です。鮎川先生は保険調剤薬局において、疾病や生活状況をふまえた栄養相談と、食事療法を学ぶための珍しい料理教室を行っています。

鮎川先生は、地域の食文化を熟知しながら栄養指導を行っています。鮎川先生が代表を務める「あわんめしの会」は、これまで食に関する２つの重要なリーフレットを作ってきました。一つは、「食事バランスガイド」の枕崎版です。枕崎の食材や郷土料理を用いて食事バランスについて説明しています。二つ目は、「枕崎の食べ物歳時記」というリーフレットで、枕崎の郷土料理や方言などを聞き書きし、地元の暮らしぶりや行事を食暦としてまとめたものです。この中には、四季を通してカツオ料理をはじめとする郷土料理が生活に密着したものとして書き記されています。

地域の食文化は、そこに住む人々の健康にも密着しています。枕崎では、砂糖量と酒量、塩の摂取量が多くなりがちだそうです。この地域では、砂糖をたくさん使う習慣があり、料理や菓子に砂糖が少ないと言う意味で「琉球がとわか」……琉球が遠い……と表現します。人様に差し上げるお菓子や料

図９　枕崎版食事バランスガイド　枕崎の食べ物歳時記

資料：http://www.maff.go.jp/kyusyu/syohianzen/hiroba/balanceguide/pdf/makurazaki.pdf
http://www.tanokan.net/rss/webdir/9/makurazaki2.pdf

理は、甘いのがおいしく、ご馳走であると考えられ砂糖の原料となる黒砂糖の産地琉球が遠いと表現されてきました。最近では昔と違って、甘さを抑える傾向にありますが、手軽にお菓子を食べられる現代では知らない間にとり過ぎる人もいるようです。また芋焼酎が有名なこともあり、おつまみに塩味の濃いものを好むようです。

こうした土地柄ゆえに、高血圧や脳卒中などの発症も県下で上位にあります。そこで鮎川先生は、相談に来た一人ひとりの生活習慣と検査データとを照らしあわせながら、健康な食事の提案とその人に寄り添う指導を継続的に行ってきました。単に画一的な栄養指導を行うのではなく、まさに地域に根ざした健康と食文化を繋げることができる数少ない地域のキーパーソンです。

最後に「枕崎の食べ物歳時記」に、カツオ船に乗っていた父親のことを娘が語る「カツオ漁と船上の飯」と書かれたコラムを紹介します。ここに登場する娘さんの一番の楽しみは、父親がカツオ漁から帰ってくる時のお土産や米を海水で研いで炊いたイソメシと呼ばれるご飯や煮付け、塩辛と記されています。こうした食事が、当時はご馳走だったようです。

家族の愛は、いつの世も変わらない家族のだんらんと、ここ枕崎ではカツオの香りがする「カツオづくし」だったのでしょう。

参考文献

河野一世『だしの秘密―みえてきた日本人の嗜好の原点―』（建帛社、2009）

伏木亨『「味覚と嗜好のサイエンス」〈京大人気講義シリーズ〉』（丸善出版株式会社、2011）

熊倉功夫・伏木亨『だしとは何か』（アイ・ケイ・コーポレーション、2012）

鳥居邦夫『太る脳、痩せる脳』日経プレミアシリーズ 201（日本経済新聞出版社、2013）

蟹江松雄・藤本滋生・水元弘二『鹿児島の伝統製法食品』かごしま文庫 67（春苑堂書店、2001）

山本隆「農と体とおいしさ④　おいしく味わう能力を身に付ける」『おいしさの科学シリーズ vol.4 だしと日本人　生きていくための基本食』2012

二木武・帆足英一・川井尚・庄司順一編著「小児の発達栄養行動」（医歯薬出版、1995）

松下幸子・吉川誠次「古典料理の研究（二）「料理塩梅集」について」『千葉大学教育学部研究紀要』25 巻、1976

第3章
栄養からみるカツオ

有村 恵美

1　魚で健脳·健心·健管生活―DHA·EPA―

(1)栄養素がいっぱい

私たちは、生まれた瞬間から「授乳」という形で生きていくために必要な成分（栄養素）を口から取り込み消化・吸収しています。食べ物（栄養素）は命の源であり、人間の寿命は、口から入った食べ物に大きな影響を受けます。賢く考えながら栄養素を摂ることが将来の自分の健康を大きく左右します。カツオの中には有用な栄養素が多く含まれています（表1、図1）。栄養素には、生命維持に関わる三つの大きな役割があります。「エネルギー源」「身体の構成成分」「身体の機能調節」です。エネルギー源となる栄養素は、炭水化物、たんぱく質、脂質です。これらは人にとって特に重要で多量に必要とされるので、三大栄養素と呼ばれています。身体の構成成分となるのはたんぱく質、脂質、ミネラルです。また、身体の機能を調節する成分となるのは、ミネラル、ビタミンです。カツオはこの五大栄養素が全て含まれている優れ物です。

カツオは魚介類の中でも特にたんぱく質が多いです（表1）。炭水化物はほとんど含まれておらず、脂質量は、秋獲り（秋）は春獲り（春）の約12倍と多く、季節・年齢・性別・回遊経路・摂取してきたエサの履歴などの影響を受けます。

特徴的なミネラルは鉄で、血合いの部分に多く含まれています。肺から取

表1　可食部 100 g 当たりの成分値

	エネルギー kcal	たんぱく質 g	脂質 g	炭水化物 g	カリウム mg	カルシウム mg
カツオ（春）	114	25.8	0.5	0.1	430	11
カツオ（秋）	165	25	6.2	0.2	380	8
あじ	121	20.7	3.5	0.1	370	27
さば	202	20.7	12.1	0.3	320	9
牛かたロース	411	13.8	37.4	0.2	210	3
鶏もも	200	16.2	14	0	270	5
ご飯	168	2.5	0.3	37.1	29	3
キャベツ	23	1.3	0.2	5.2	200	43
トマト	19	0.7	0.1	4.7	210	7
サフラワー油	921	0	100	0	0	0

（0）：測定していないが、文献等により含まれていないと推定。―：測定せず
資料：日本食品成分表をもとに筆者作成

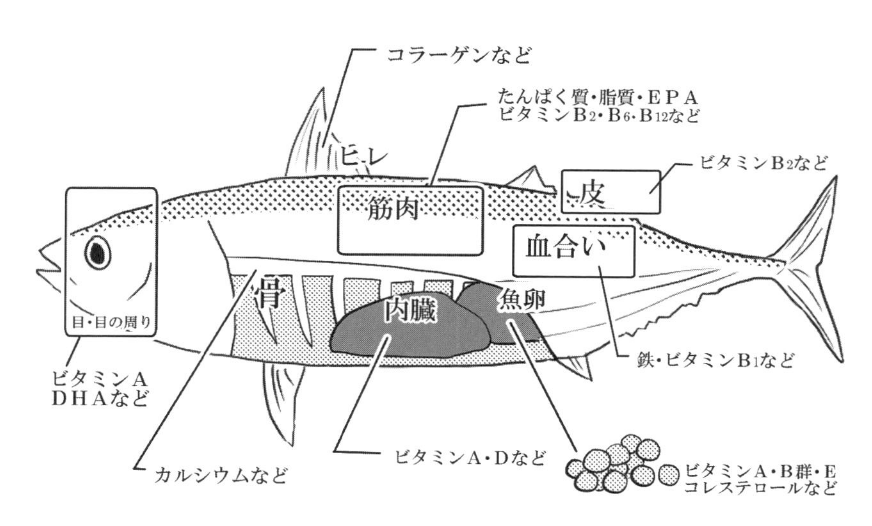

図1　部位別栄養素（特に多く含む部位）（イラスト：下薗秋穂）

鉄 mg	ビタミンA μg	ビタミンD μg	ビタミン B_6 mg	DHA mg	EPA mg
1.9	5	4	0.76	88	24
1.9	20	9	0.76	970	400
0.7	10	2	0.4	440	230
1.1	24	11	0.51	700	500
0.7	3	0	0.18	0	0
0.4	39	0.1	0.18	7	1
0.1	(0)	(0)	0.02	0	0
0.3	4	(0)	0.11	—	0
0.2	45	(0)	0.08	—	0
0	0	(0)	(0)	0	0

りこんだ酸素を全身に運ぶ役割があり、酵素の成分になりエネルギー代謝にもかかわります。鉄が不足すると鉄欠乏性貧血になりやすく、全身が酸素不足となり、疲れやすい、頭痛、食欲不振などの症状があります。成長期や月経のある女性、妊産婦などに必要な鉄がカツオには多く含まれています。

特徴的なビタミンはビタミンB_6で、筋肉（身）の部分に多く含まれています。たんぱく質の分解や再合成されるのを助け、皮膚や髪、歯などの維持、神経伝達物質の合成にもかかわります。ビタミンB_6が不足すると口内炎や皮膚炎、貧血、神経系に異常が起こることもあります。肌荒れ予防、月経前の不定愁訴（イライラ、頭痛など）やつわりなど女性特有の症状改善に効果的なビタミンB_6がカツオには多く含まれています。

（2）「あぶら＝悪者」？？？

「あぶら＝油脂」と聞くと「肥満」「メタボリックシンドローム」など「あぶら＝悪者」というイメージがありますが、エネルギー源、身体の構成成分になるなどの働きがある重要な栄養素であり、バランス良くとることが大切

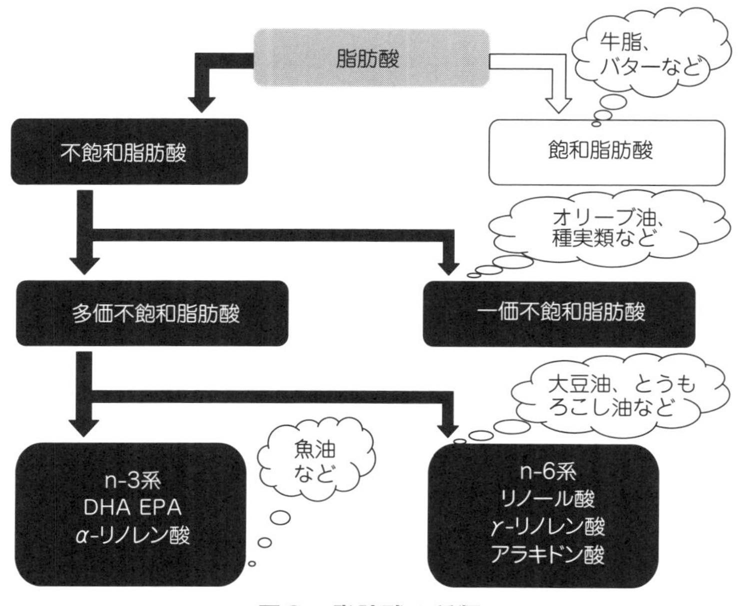

図２　脂肪酸の種類

です。

「油脂」を構成する要素である脂肪酸（図２）は、組成により常温で固形状の「飽和脂肪酸」と常温で液体状の「不飽和脂肪酸」の大きく二つに分類されます。「飽和脂肪酸」は豚脂（ラード）、牛脂（ヘット）、バターに多く含まれています。「不飽和脂肪酸」はさらに「一価不飽和脂肪酸」と「多価不飽和脂肪酸」に分類できます。「一価不飽和脂肪酸」はオリーブ油、なたね油、調合油、種実類に多く含まれています。「多価不飽和脂肪酸」は「n-3系」と「n-6系」に分類されます。「n-3系」はDHA（ドコサヘキサエン酸）・EPA（エイコサペンタエン酸）などがあり、魚油に多く含まれています。「n-6系」はリノール酸・γ-リノレン酸・アラキドン酸などがあり、大豆油、とうもろこし油、サフラワー油（紅花油）に多く含まれています。DHA・EPAは魚油に特徴的で（表１）、DHAは、特に目の周りの脂肪に多く含まれています（図１）。

DHA・EPAの効能には、血液中の中性脂肪を低下させて、悪玉コレステロール（LDL-C）を下げて、逆に善玉コレステロール（HDL-C）を増加させる働きがあります。そのほか血圧を下げる作用やがんを抑制することや、アトピー性皮膚炎やぜんそく症状を軽減する働き、血糖値を下げる作用、インスリン抵抗性を改善するなど多くの効能が報告されています。

（3）DHA·EPA摂取で知力アップ

イギリスの研究者（クロフォード博士）が、日本の子供たちの知能指数が高い理由の一つを、魚を食べる習慣によるものであると発表したことが発端となり、DHAは世界中から注目されるようになりました。食べ物で摂ったDHAは消化吸収されて血液の流れに乗り、脳に入ります。そして神経細胞の細胞膜の主な成分となって膜の柔軟性を保ち、記憶や学習などの脳の働きを高めていると言われています。胎児期から乳児期にかけて、脳のDHA量は増え続けるので、脳の発達とDHAが関連していることが分かります。DHAは胎児の間は母親の胎内から、乳児期は母乳から摂取します。こうしたことから、母乳に近づけるために市販されている調整粉乳（粉ミルク）にDHAを添加することが世界保健機関でも認められ、多くの国々で行われています。また、妊娠中に魚摂取量が多いほど子供の知能指数が高い傾向があるということも明らかとなり（ヒベルン博士ら）、DHAが脳の働きに大きな影響を与えることが、数多くの研究により明らかにされています。魚・DHA・EPAを多く摂取すると知力がアップし、より賢い子に育つ可能性があります。

（4）DHA·EPA摂取で心も元気に

魚に含まれるDHA・EPAには気力の低下や不安などを抑えて、精神状態を安定させる働きがあると言われています。1998（平成10）年に9か国で行われた研究（ヒベルン博士ら）によると、魚摂取量が多い国ほどうつ病の発症率が低いことがわかり、また魚摂取量が多い国ほど産後うつ病の発症率が低いことも明らかになりました。魚をあまり食べないニュージーランドやドイツではうつ病の発症率が高いが、魚摂取量の多い日本はうつ病の発症率が低く、DHA・EPAを摂取することでうつ病の症状が改善することも知られています。

ストレス状況下でDHAを大学生に投与した試験では、投与しない群は外部に対する攻撃性が現れたのに対し、投与群はストレスに強く、攻撃性が抑えられたという報告もあり、DHAには精神状態を安定させる可能性があるとみられています。しかし、近年日本におけるうつ病患者数は増加傾向にあり、魚離れが一つの要因となっていると考えられます。うつ病予防のためにも、心を元気に保つためにも、DHA・EPAを摂取する必要があります。

（5）DHA·EPA摂取で血管も生き生き

EPAには血管の健康を維持して、生活習慣病を予防する効果があるという報告が多く、DHA・EPAには総死亡・心疾患・心不全・脳卒中・がん・加齢性黄班変性症などの予防効果が期待されています。欧米での大規模観察研究では、魚を多く摂取した人の方が、魚を摂取しない人に比べて死亡率が低下することが示されています。実際、魚を多く食べるイヌイットの人々は、血栓ができにくく狭心症や心筋梗塞が少ない事実があります。日本人を対象とした介入研究（JELIS）でも、EPAを投与した群は投与しない群と比べて、5年間で平均して19%も心疾患の発症率が低いという報告があります。EPAには、血液をサラサラにする効果、血圧を下げる作用などがあり、血管を守ることで老化を防ぐ働きがあります。DHA・EPAは、生まれた時から死ぬまで私たちに多くの「恵み」をもたらしてくれる優れ物です。

2　残り物には福がある

（1）残り物はスゴイ

カツオ腹皮は、カツオの腹の部分で、まぐろでいう「トロ」にあたりますが、市場価値はカツオ身の半値以下であり、機械による裁断のため形状が悪い部分は商品化が難しく大半が魚粉利用となっています。そのため枕崎水産加工業協同組合では、「産地水産業強化支援事業」としてカツオ腹皮の有効利用に取組んでいます。

カツオ腹皮は、カツオ原料の３％にあたります。そのうち３分の１は珍味加工品（買取り価格：約100円/kg）となり、３分の２は魚粉（買取り価格：約９円/kg）となっています。形状の悪い部分をミンチにして加工処理を増やし、魚粉を減らすことによる増益を目指して、カツオ腹皮の商品開発に力を入れています。現在「枕崎かつおトロッケ」（図３）を商品化し販売中です。

カツオ腹皮をミンチにするまでの作業工程の流れは、搬入（図４）→一次洗浄→殺菌洗浄（図５）→流水洗浄→選別→採肉（図６）→充填→真空（図７）→金属探知→凍結→箱詰め→搬出となります。

カツオ腹皮は、まぐろでいう「トロ」の部分にあたり全国で多数販売されているにもかかわらず、日本食品成分表にも掲載されていない部位です。今回、私たちは、腹皮に注目して栄養分析を行いカ

図３　枕崎かつおトロッケ
（提供：枕崎水産加工業協同組合。以下図７まで同じ）

図４　搬入

図５　殺菌洗浄

図６　採肉

ツオ（春）とカツオ（秋）と比較しました（表２）。

可食部100ｇ当たりのエネルギー量は、カツオ（春）114kcal、カツオ（秋）165kcal、カツオ腹皮173kcalと高エネルギーで、カツオ（春）の約1.5倍でした。炭水化物量はごくわずかで、同程度でした。たんぱく質量は、カツオ（春）25.8ｇ、カツオ（秋）25ｇ、カツオ腹皮22.6ｇとたんぱく質含有量はいずれも20ｇ以上でした。脂質量は、カツオ（春）0.5ｇ、カツオ（秋）6.2ｇ、カツオ腹皮9.1ｇと、まぐろでいう「トロ」といわれている部位であることが確認できると同時に、DHA・EPAの含有量も多いことがわかりました。

図７　真空

腹皮の特徴的なミネラルは、カルシウムと鉄でした（図８）。カルシウムは、骨・歯の主成分で、神経の興奮鎮静、血液の凝固、筋肉の収縮などの働きがあります。可食部100ｇ当たりのカルシウム量は、カツオ腹皮110mgで、普通牛乳（コップ半分：110mg）と同量を含むカルシウムの宝庫でした。鉄量は、カツオ（春）1.9ｇ、カツオ（秋）1.9ｇ、カツオ腹皮3.3ｇと、カツオ腹皮はカツオ（春）とカツオ（秋）の約1.5倍もあり、貧血予防により有効です。

DHAは、カツオ腹皮が１番多くカツオ（秋）の約1.5倍で、EPAは、カツオ（秋）が１番多くカツオ腹皮の約1.5倍でした（図９）。

表２　可食部100ｇ当たりの成分値

	エネルギー kcal	たんぱく質 g	脂質 g	炭水化物 g	カリウム mg
カツオ（春）	114	25.8	0.5	0.1	430
カツオ（秋）	165	25	6.2	0.2	380
カツオ腹皮	173	22.6	9.1	0.1	360

資料：日本食品成分表および筆者と山崎正夫（宮崎大学）による実験をもとに作成

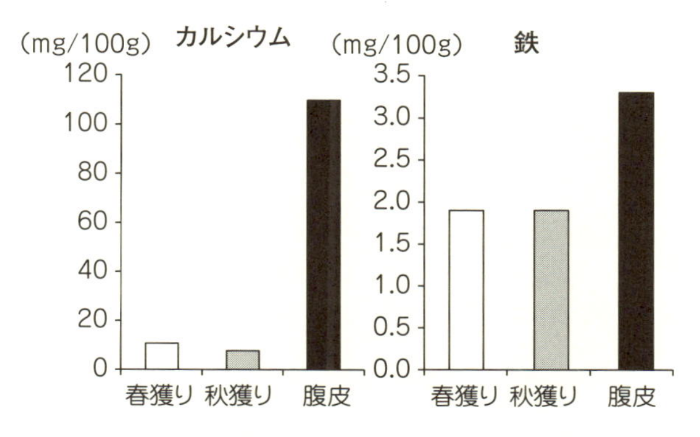

図8　可食部100ｇ当たりのカルシウム・鉄量

資料：日本食品成分表をもとに筆者作成

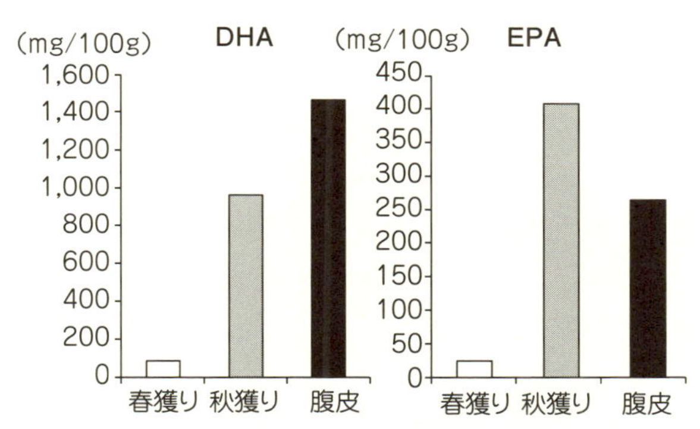

図9　可食部100ｇ当たりのDHA・EPA量

資料：日本食品成分表および筆者と山崎正夫（宮崎大学）
による実験をもとに作成

カルシウム mg	鉄 mg	ビタミンA μg	ビタミンD μg	DHA mg	EPA mg
11	1.9	5	4	88	24
8	1.9	20	9	970	400
110	3.3	1000	41	1470	260

可食部100ｇ当たりのDHA・EPAの総量は、カツオ（春）112mg、カツオ（秋）1,370mg、カツオ腹皮1,730mgが含まれていました。人が生まれてから死ぬまでDHA・EPAは効果的であり、カツオ腹皮が脳にも心にも血管などにも、１番効果があると考えられます。カツオの残り物には福があり、おまけに値段も安い（半値以下）優れ物です。

（2）どれぐらい食べればいいのか？

日本人の食事摂取基準では、「DHAおよびEPAを１ｇ/日以上摂取することが望ましい」と設定されていますが、国民健康・栄養調査によるとどの年代でも不足しています。「DHAおよびEPAを１ｇ/日以上」摂取するためには、カツオ（春）だけでは893ｇも摂取しないといけませんが、カツオ（秋）は73ｇ、カツオ腹皮は58ｇだけで充足します（表３）。カツオ（春）893ｇは刺身約45切れに相当し、食べることは難しく、他の栄養素が過剰になり偏ってしまいます。カツオ（秋）では73ｇ（刺身約４切れ）、カツオ腹皮では58ｇ（腹皮約1/2枚）で無理のない量で充足できます（図10）。カツオ腹皮（塩漬け）は、食塩相当量が多くなるので「無塩」の腹皮を食べるように心がけてください。「無塩」の物でも腹皮はブライン凍結（p.96参照）されているために、他の魚より食塩相当量が多いので、下味は不要です。

（3）エコクッキング―無駄なく食べる

ここで皆さんに、カツオ腹皮の下ごしらえ、簡単なレシピ、DHA・EPAを無駄なく食べるコツをご紹介します。カツオの腹皮は、インターネット等で

表３　DHAおよびEPAが１ｇ含まれる可食部量

	DHAおよびEPAが１ｇ含まれる可食部量	目安量
カツオ（春）	893g	刺身約45切れ（１切れ約20gとすると）
カツオ（秋）	73g	刺身約４切れ（１切れ約20gとすると）
カツオ腹皮	58g	腹皮1/2枚（１枚約120gとすると）

資料：日本食品成分表および筆者と山崎正夫（宮崎大学）による実験をもとに作成

図10　カツオ腹皮におけるDHAおよびEPAが1g含まれる可食部量（黒枠内）
（撮影：有村）

一年を通して購入可能ですので、ぜひ、日々の生活に取り入れてみてください。

①カツオ腹皮の下ごしらえ

1　水できれいに洗います。

生でも冷凍でも売られていますが、まずきれいに洗いましょう。海水で付着した雑菌は水に弱く、水で洗うことで殺菌効果もあります。

2　エラ、ヒレをとります。

エラがついたままだと焼いた時に丸くなりやすく、焼きにくく火が均一に通りにくいです。

3　小骨を丁寧に抜きます。

中央の黒い部分にも小さな骨がありますので、骨抜きなどで丁寧に抜きましょう。

②簡単レシピ（一般的な料理レシピより調味料少なめです）

カツオ腹皮（無塩）を利用して、薄味にて食べる習慣をつけてください。

から揚げ（４人分）

材料

カツオ腹皮（無塩）240g、片栗粉大さじ1、酒大さじ2、生姜汁大さじ2、揚げ油（適量）

☆大さじ1：15ml（15cc）、小さじ1：5ml（5cc）

作り方

1　カツオ腹皮は下ごしらえし、好みの大きさに切ります。

2　カツオ腹皮の水気を切り、酒と生姜汁に15分くらい漬けます。

3　水気を切り、片栗粉をまぶして、余分な粉を払い落として、約180度でこんがりきつね色に揚げて油をきります。

☆天ぷらにしても美味しいですが、から揚げより油を吸収する割合が高くなります。衣が厚いほど、揚げ時間が長いほど油を多く吸います。衣までつけて揚げないで焼くと、脂質量は半分以下になりエネルギー量を抑えられます。

レモン焼き（４人分）

材料

カツオ腹皮（無塩）240g、酒大さじ2、生姜汁大さじ2、油小さじ1、レモン輪切り８枚（お好みで）

作り方

1　カツオ腹皮は下ごしらえし、好みの大きさに切ります。

2　カツオ腹皮の水気を切り、酒と生姜汁に15分くらい漬けます。

3　フライパンを良く熱して、油をひきます。レモンの輪切りの上にカツオ腹皮をのせて6～８分焼きます。

☆そのまま焼いて食べても美味しいです。テフロン加工のフライパン・オーブン・クッキングシートを使用すれば、油の使用量が少なくなり、エネルギー量を下げることができます。

③DHA・EPAを無駄なく食べるコツ

魚の油に含まれているDHA・EPAは、網焼きにすると一部は落ちてしまいます。煮魚にすると煮汁に成分が溶け出します。

1　刺身でとりましょう。

少量でも成分が有効にとれます。包丁で皮を剥ぐように切り落とし、食べやすい大きさに切ります。醤油はかけないで小皿に入れてつけましょう。片面にだけつける、わさび・生姜を利用する、酢じめにするなどで減塩になります。

2　網焼きよりフライパン・オーブンで焼きましょう。

網焼きに比べてフライパン・オーブンで焼く方が成分の損失が少ないです。残った油も、野菜炒めなどにして無駄なく利用して下さい。

3　アルミホイルに野菜を敷いてとりましょう。

アルミホイルに野菜を敷いて、魚と一緒に包み込んで、蒸し焼き、フライパン・オーブンで焼くと流れ出た成分を野菜が吸収するので、効率よくDHA・EPAが摂れます。

4　薄味の煮つけにしましょう。

だしをきかせて薄味にして、煮汁ごと食べたり、片栗粉で煮汁にとろみをつけて、「あんかけ風」にすれば、魚の成分を残さず摂れます。

3　魚食で健康貯金

(1)医療費節約！

日本国民一人当たりの年間医療費がおよそいくらか知っていますか？　日本では、高齢化が進むと同時に年間国民医療費が年々増加しています。厚生労働白書によると年間国民医療費は1960（昭和35）年は約4,100億円、1980（昭和55）年に約12兆円、2012（平成24）年には39.2兆円で、1960年の100倍近くにまでふくれ上がっています。国民一人当たりの年間医療費は1960年は約4,400円、1980年は約10万2,300円、2012年は約30万7,000円となり、2012年の国民医療費の国民所得に対する比率は約11.2%となっています。これだけのお金があれば、いろいろ楽しめます。趣味・娯楽費を節約していませんか？　食費を節約していませんか？　医療費を節約出来れば、体だけではなく心もより元気になり健康貯金がアップします。

(2)生活習慣病･メタボリックシンドローム予防がキーポイント

医療費増加の原因は、生活習慣病の増加が一つの要因であると言われています。生活習慣病とは、生活習慣（ライフスタイル）が要因となって発生する諸疾病を指すための呼称・概念です。生活習慣とは、食習慣（早食い、まとめ食い、欠食)、偏食（栄養素の過剰・過不足)、運動習慣、喫煙の習慣などのことです。生活習慣に起因する疾病として、がん、脳血管疾患、心疾患などが指摘され、年間死亡者の約6割がこれらの疾病により死亡しています。そのほかに、糖尿病（1型糖尿病を除く)、脂質異常症（家族性脂質異常症を除く)、高血圧、高尿酸血症などが挙げられます。肥満はこれらの疾病になるリスクを上げることから、肥満自体、腹囲（内臓肥満）に脂質異常・高血圧・高血糖のうち二つ以上を合併した状態を指すメタボリックシンドローム（図11）も生活習慣病の一つとされることもあります。医療費増加の原因である生活習慣病は年々増加しており、日本人の約半数が、糖尿病、高血圧、脂質異常症の三つの疾病のいずれかに該当しているとされています。40～74歳については、男性は二人に一人、女性は五人に一人はメタボリックシンドロームが強く疑われる者（該当者)、または予備群と考えられています。内臓肥満が重要視される理由は、生活習慣病が軽症でも内臓肥満が重複して存在すると、心筋梗塞などの心血管イベントおよび糖尿病発症リスクが高くなるからです。メタボリックシンドロームでは、非メタボリックシンドロームに比べて心血管イベントリスクは約1.5～2倍、糖尿病発症リスクは3～6倍に上昇します。「老い」は誰にでも訪れますが、いかに早くから生活習慣病・メタボリックシンドロームの予防をスタートさせるか

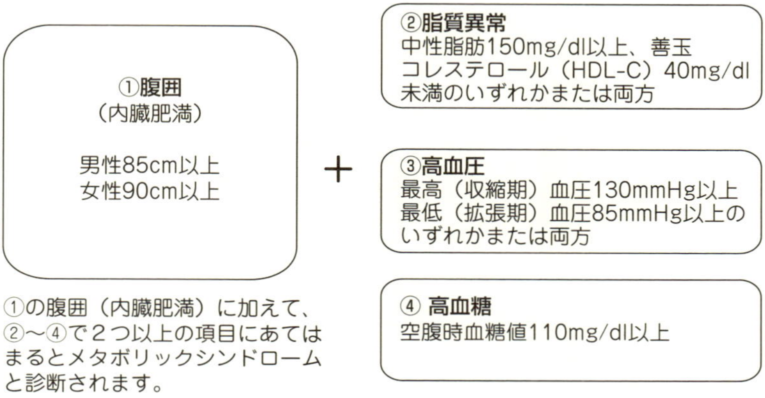

①腹囲
（内臓肥満）

男性85cm以上
女性90cm以上

＋

②脂質異常
中性脂肪150mg/dl以上、善玉
コレステロール（HDL-C）40mg/dl
未満のいずれかまたは両方

③高血圧
最高（収縮期）血圧130mmHg以上
最低（拡張期）血圧85mmHg以上の
いずれかまたは両方

④ 高血糖
空腹時血糖値110mg/dl以上

①の腹囲（内臓肥満）に加えて、
②～④で２つ以上の項目にあてはまるとメタボリックシンドロームと診断されます。

図11　メタボリックシンドロームの診断基準

が、医療費節約のキーポイントです。

（3）魚離れが深刻化

生活習慣病・メタボリックシンドローム増加の一つの要因は、食生活の変化であると言われています。日本人の食生活は、戦後大きく変化を遂げました。日本人の主食である米の摂取量が著しく減少しました。1960（昭和35）年度は、国民一人一日当たりの米の消費量は約315ｇだったのですが、2012（平成24）年度は約155ｇと半減しました。その代わりに、牛乳・乳製品（約60ｇから約245ｇ）、肉類（約14ｇから約80ｇ）、油脂類（約10ｇから約35ｇ）が増加しました。米の摂取量が減ったことにより炭水化物、植物性たんぱく質、食物繊維総量が減少して、逆に動物性たんぱく質、動物性脂質、植物性脂質が増加しました。エネルギー量は少しずつ減少していますが、栄養バランスは大きく変化しました。日本人の主食である「ご飯」の摂取量が減り、いわゆる「おかず食い（おかず中心食）」が増えました。第二次世界大戦後、高度経済成長期を迎えて食が豊かになった結果でもあります。さらに問題なのは、15年ほど前から「魚離れ」がより進み、15年前と

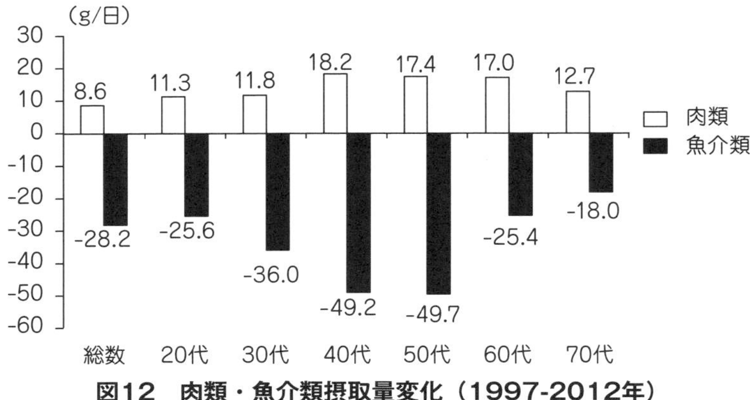

図12　肉類・魚介類摂取量変化（1997-2012年）

資料：国民健康・栄養調査をもとに筆者作成

比較するとどの年代でも魚介類摂取量が減少し（図12)、平均魚介類摂取量は約28ｇ減少しています。特に40、50歳代では、15年前は100ｇ前後摂取していましたが、現在の摂取量は約50ｇも減少していて、「魚離れ」が深刻化しています。逆に、肉類摂取量はどの年代でも増加していて、平均肉類摂取量は約９ｇ増加しています。このような食生活の変化が、生活習慣病・メタボリックシンドローム増加の一つの要因となっていると言われています。

（４）魚食パワー

魚離れを改善するということは、魚摂取量増加→生活習慣病・メタボリックシンドローム減少→医療費減少へとつながると考えられます。

日本肥満学会は「神戸宣言2006」において、「まず３kg減量、３cmのウエスト周囲長（腹囲）の短縮を」とサンサン運動を提案しました。そこで３kg減量、３cm短縮達成の有無による健康指標の変化について検討しました。特定健診データ解析によると体重３kg減量達成群は、体重平均5.9kg減少し、腹囲平均5.7cm減少、中性脂肪平均63.1mg/dl低下、善玉コレステロール（HDL-C）平均4.3mg/dl上昇、悪玉コレステロール（LDL-C）平

表4　体重減少3kg達成群における健診データの変化

		変化量	体重1kgあたりの変化量
腹囲	(cm)	-5.7	-1.0
中性脂肪	(mg/dl)	-63.1	-10.7
HDL-C	(mg/dl)	+4.3	+0.7
LDL-C	(mg/dl)	-7.5	-1.3
収縮期血圧	(mmHg)	-7.1	-1.2
拡張期血圧	(mmHg)	-5.4	-0.9
空腹時血糖値	(mg/dl)	-5.1	-0.9

資料：Muramoto A, et al; Three percent weight reduction is the minimum requirement to improve health hazards in obese and overweight people in Japan. Obes Res Clin Pract をもとに筆者作成

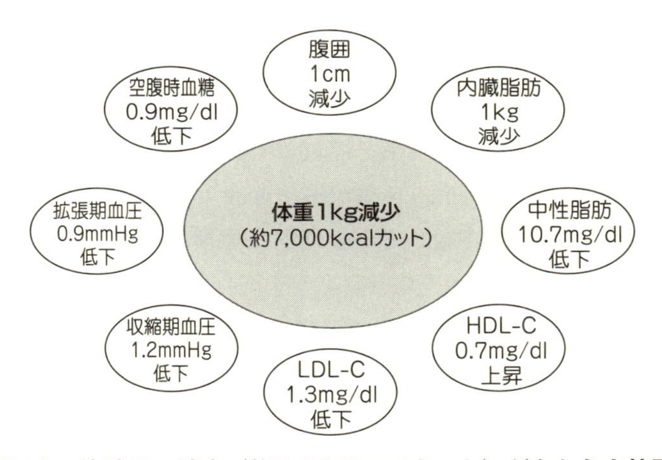

図13　体重1kg減少（約7,000kcalカット）がもたらす効果

資料：表4で提示した資料をもとに筆者作成

均7.5mg/dl低下、収縮期血圧平均7.1mmHg低下、拡張期血圧平均5.4mmHg低下、空腹時血糖値平均5.1mg/dl低下し、メタボリックシンドローム脱出率約76.8%と報告されており、サンサン運動の妥当性が確認されました（表4、図13）。

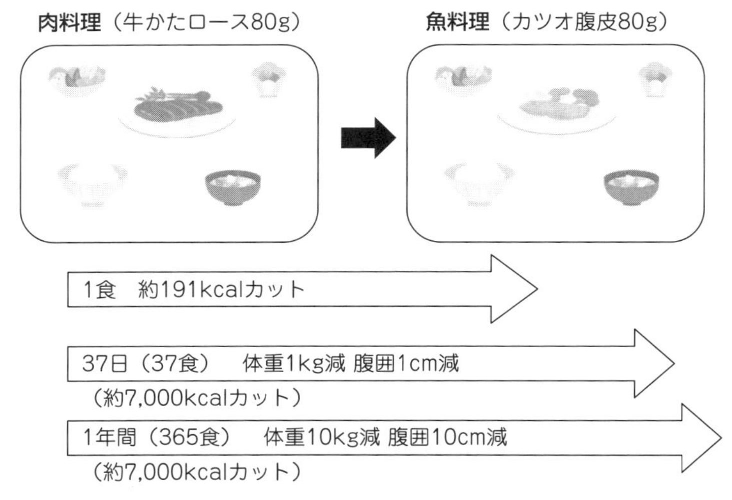

図14　肉食から魚食へ変更した場合の変化

資料：表3、4で提示した資料をもとに筆者作成

☆メタボリックシンドローム脱出へ向けて―症例Aさんの場合―

40歳代男性、身長170cm、体重85kg、腹囲90cm、中性脂肪250mg/dl、HDL-C50mg/dl、収縮期血圧135mmHg、拡張期血圧85mmHg、空腹時血糖値115mg/dl。図11のメタボリックシンドローム診断基準より腹囲（内臓肥満）に加えて、脂質異常、高血圧と高血糖の三つの項目に該当するのでメタボリックシンドロームと診断されます。

メタボリックシンドローム脱出に向けて、肉類中心の食生活を1食だけ肉食（牛かたロース80g：329kcal）から魚食（カツオ腹皮80 g ：138kcal）に変更する（他の条件が一定）と魚摂取量増加へとつながり、エネルギー量は約191kcalカット出来ます（図14）。

約7,000kcalカット＝体重1kg減量＝内臓脂肪1kg減量＝腹囲1cm減少へつながるとも言われています。特定健診データ解析より体重1kg減量＝中性脂肪10.7mg/dl低下＝HDL-C0.7mg/dl上昇＝LDL-C1.3mg/dl低下＝収縮期血圧1.2mmHg低下、拡張期血圧0.9mmHg低下、空腹時血糖値0.9mg/dl低下と報告されています（図13）。

ここで、大切なことをQ&Aにまとめてみました

Q: 7,000kcalカットするためには、何日間1食だけ肉食から魚食に変更すればいいのでしょうか??

A: 約37日(図14)。

7,000kcal÷191kcal=36.6日。約37日で体重1kg減少=腹囲1cm減少=中性脂肪10.7mg/dl低下=HDL-C0.7mg/dl上昇=LDL-C1.3mg/dl低下=収縮期血圧1.2mmHg低下=拡張期血圧0.9mmHg低下、空腹時血糖値0.9mg/dl低下すると考えられます。

Q: 1年間(365日)1日1食だけ肉食から魚食への変更生活を継続すると、何kcalカットになるのでしょうか??

A: 約70,000kcal(図14)。

191kcal×365日=69,715kcal=約70,000kcal。

70,000kcal÷7,000kcal=10kg。1年間で体重約10kg減少、腹囲10cm減少、中性脂肪107mg/dl低下=HDL-C 7mg/dl上昇=LDL-C13mg/dl低下=収縮期血圧12mmHg低下=拡張期血圧9mmHg低下=空腹時血糖値9mg/dl低下すると考えられます。1年間魚食変更生活を継続することで、症例Aさんは、体重75kg(85−10=75)、腹囲80cm(90−10=80)、中性脂肪143mg/dl(250−107=143)、HDL-C57mg/dl(50+7=57)、収縮期血圧123mmHg(135−12=123)、拡張期血圧76mmHg(85−9=76)、空腹時血糖値106mg/dl(115−9=106)と改善し、メタボリックシンドローム脱出できると考えられます(表5)。

また魚食に変更することは、必然的にDHA・EPAが増加することにもつながり(図15、図16)、メタボリックシンドローム脱出との相乗効果で生活習慣病などの発症を抑制し健康貯金大幅アップへとつながると考えます。

表５　魚食変更前と魚食変更後の各種データ変化（一年間）

		変更前	変更後	変化量
体重	(kg)	85	75	-10.0
腹囲	(cm)	90	80	-10.0
中性脂肪	(mg/dl)	250	143	-107.0
HDL-C	(mg/dl)	50	57	+7.0
収縮期血圧	(mmHg)	135	123	-12.0
拡張期血圧	(mmHg)	85	76	-9.0
空腹時血糖値	(mg/dl)	115	106	-9.0
メタボリックシンドローム有無		有	無	

資料：表３、４で提示した資料をもとに筆者作成

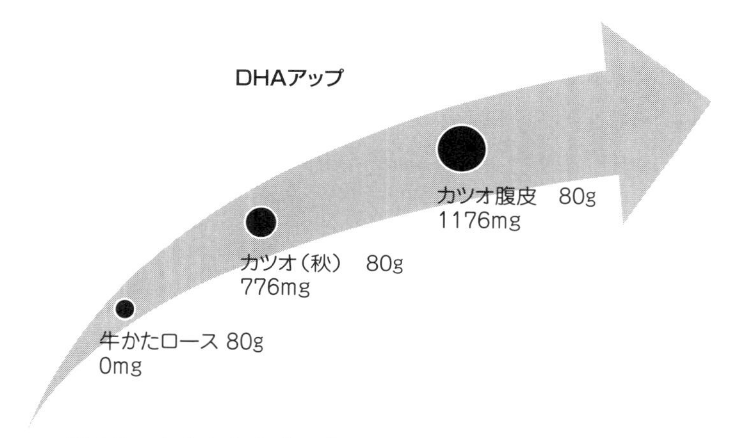

図15　肉食から魚食へ変更した場合のDHA摂取量変化

資料：日本食品成分表および筆者と山崎正夫（宮崎大学）による実験をもとに作成

無形文化遺産として登録され、「健康長寿食」として世界的に認められた「ご飯」、「魚」、「大豆」、「野菜」を中心とした一汁三菜を基本とした伝統的な和食は、残念ながら日本では衰えつつあります。家庭の食事は欧米化が進み、外食、中食（惣菜・お弁当など）も増えています。生活習慣病減少、メ

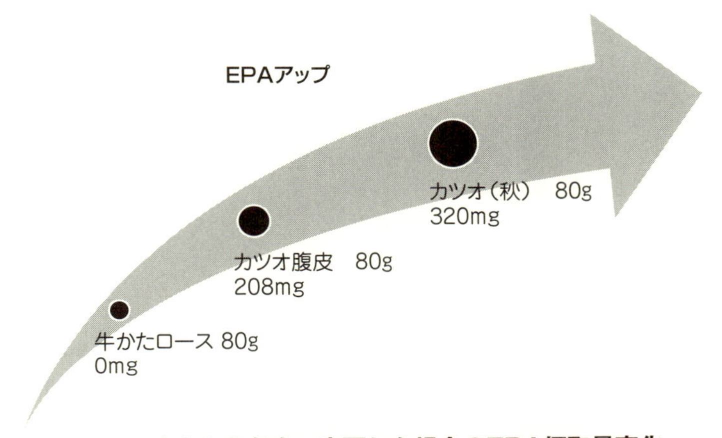

図16 肉食から魚食へ変更した場合のEPA摂取量変化

資料：日本食品成分表および筆者と山崎正夫（宮崎大学）による実験をもとに作成

タボリックシンドローム減少、医療費減少には、魚食を中心とした「日本型食生活」つまり伝統的な和食生活を見直し、次世代へ継承し、次世代の健康を守ることが、今の私たちのできることではないでしょうか。

「魚食でDHAアップ！　魚食でEPAアップ！　魚食で健康貯金アップ！」

参考文献

文部科学省科学技術・学術審議会資源調査分科会　報告「最新　日本食品成分表」（医歯薬出版株式会社、2011）

厚生労働省「日本人の食事摂取基準」策定検討会報告書「日本人の食事摂取基準 2010 年版」（第一出版、2009）

和田俊『かつお節—その伝統から EPA・DHA まで—』（幸書房、1999）

日本医師会雑誌第 143 巻・第 1 号（日本医師会、2014）

日本糖尿病学会「科学的根拠に基づく糖尿病診療ガイドライン」（南江堂、2013）

第4章

水産業と地域経済からみるカツオ

田中 史朗

1　恵まれた漁場を擁する日本、それなのに、なぜ今日、たくさんの魚介類が世界各地から輸入されているのでしょうか？

（1）日本で漁業が発展したのはなぜなのだろうか？

四方を海に囲まれていれば漁業が盛んであると一般にはとらえがちですが、それは漁業が発展するための必要条件ではあっても、十分条件ではありません。それが証拠に、日本と同様に四方を海に囲まれ、世界第二位の排他的経済水域を擁する先進国オーストラリアの2010（平成22）年の海面漁業の漁獲量は17.3万トンであり、日本の海面漁業の漁獲量410.1万トンの4.2%を占めるに過ぎません。何がこうした違いを生み出したのでしょうか。その理由として漁業をとりまく環境の違いがあげられます。

環境には自然環境と社会環境があります。自然環境の違いでは、日本は国土の約三分の二が森林であり、かつ温暖湿潤な気候であるため、微生物による有機物の分解が盛んで、陸地の腐植層を通して海の生物の栄養分となるけい酸塩・りん酸塩・しょう酸塩・亜しょう酸塩などの栄養塩類が川や地下水を伝って海に大量に流れ込みます。海底に沈殿したこれらの栄養塩類はバンク（浅堆、大陸棚上の海底からの突出した部分）や寒流と暖流の接合面に形成される潮目（潮境）付近で発生する湧昇流によって海面近くに運ばれ、光合成を行う植物性プランクトンや海藻類の栄養分となります。さらにそれをエサとして多くの魚介類が食物連鎖によって育まれ、優良漁場が形成されます。こうした自然条件の良さが、国土のおよそ三分の二が砂漠・ステップ(短茎草原)地域で占められている「乾燥大陸」の別称を持つオーストラリアと比べた場合の日本の優位性ではないかと思われます。また、社会環境の違いによっても漁業の発展が大きく左右されます。国民一人一日当たりの魚介類の消費量を日本とオーストラリアで比較してみますと、日本の159g(2009年)に対してオーストラリアのそれは68g(同年)であり、日本の消費量のおよそ43%です。日本と同じ島嶼国インドネシアのそれもオーストラリアとほぼ同じ70gです。何がこうした差異を生み出したのでしょうか。その原因としてまず第一に消費市場(魚食文化)の存在が、第二に資本蓄積、技術(漁労、加工、保存)の発達、そして労働力(担い手)の存在が、第三には、コールドチェーン(低温流通機構)の整備があげられます。第一の消費市場の存在については、日本の伝統的な食文化では、総菜としてもっぱら魚が提供されてきました。家畜は役畜としての利用はあっても食肉としての利用は宗教上の禁忌もあって敬遠され、牧畜業は発達しませんでした。こうした魚食文化の存在を抜きにしては漁業の成立・発展を語ることはできません。第二の資本蓄積、技術の発達、そして労働力の存在は漁業の発展にとって必要不可欠な基礎的要件であります。漁業生産力を高めるためには、漁船の動力化・大型化・漁具の改良を避けては通れません。そのためにも、資本蓄積、漁労技術の発達、漁船員の確保が必要となります。技術の中には漁労技術以外に、加工技術や保存技術などもあります。これまた漁業の発展にとって欠くことのできない要件であります。といいますのも、穀物とは異なる水産物の商品特性として、鮮度劣化の早さが指摘できます。サバの生き腐れのたとえを持ち出すまでもなく、特にイワシ類・サバ類・サンマなどの青物と呼ばれる魚(「背の青い魚」)は漁獲した時点から急速に鮮度が落ちていきます。そこで保存性を良くしたり、商品価値をより高めるために、練り製品・缶詰・塩干・冷凍・発酵・魚油・魚粉など様々な形に加工され消費者に届けられてきました。第三の流通機構の整備は、時間距離を克服する手段として重要です。今日、山間地域で海産魚介類の刺身を味わえるのも、コールドチェーンの整備を抜きにしては語れません。漁獲した時点から魚介類は活魚として、また、氷で冷やされたり、冷凍されたりして鮮度が保たれ、漁港に水揚げされたのちは、産地市場で素早くセリ・入札にかけられ、地元で小売りされたり、買受人の手を介して保冷車や冷凍コンテナに積み替えられて消費地市場に運ばれます。そこで再度、価格が決められ、小売店の冷蔵ショーケースに並べられます。このように水産物市場の拡大にとって、コールドチェーンの整備は必須要件です。

以上みてきたように、自然条件の面でも、社会条件の面でも日本は漁業が発展する条件を兼ね備えていたのです。それが今日、なぜ外国から魚介類を大量に輸入するようになったのでしょうか。そのことについては、次項で説明します。

（2）発展から縮小再編の道をたどってきた日本漁業

日本は戦後、GHQ（連合国軍最高司令官総司令部）の占領下におかれ、その指示によって日本漁船の操業海域は原則、沿岸12カイリ以内に限られていました（マッカーサーラインの設定）。しかし戦時中、徴用や徴兵によって漁船・資材・燃油・漁船員の不足から満足な漁ができなかったことが幸いして水産資源が温存され、戦後しばらくの間は豊漁が続きました。ところが狭い沿岸海域で多数の漁船が入り会って操業していたため、やがて沿岸域の水産資源も枯渇するようになり、漁業者の生活はしだいに苦しくなっていきました。連合国の占領から解き放たれた1952（昭和27）年4月に、ようやくマッカーサーラインが撤廃され、これを機に、日本漁業は漁船の動力化、大型鋼鉄船の建造によって沿岸から沖合へ、沖合から遠洋へと漁場を外延的に拡大することによって発展していきました。それは、沿岸漁場での過剰操業を沖合漁場へ、さらには沖合漁場のそれを遠洋漁場へ移し替えるものでもありました。当時の代表的な遠洋漁業としては南氷洋での捕鯨、遠洋底曳網漁業、以西底曳網漁業、北太平洋海域での母船式サケ・マス漁業、そして遠洋カツオ一本釣漁業や遠洋マグロ延縄漁業などがありました。それとともに、

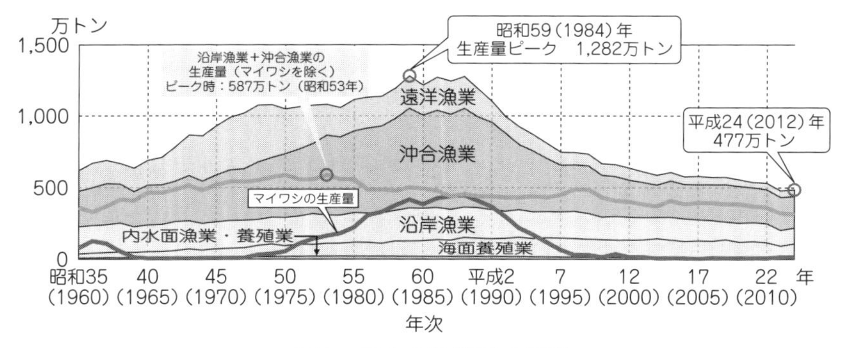

図1　日本の漁獲量の推移

資料：『水産白書　平成25年版』p.109より引用

漁獲量も図1にみられるように増加していきます。

ところが、自国の資源は自国で管理し利用しようという資源ナショナリズムの動きが強まるなかで、発展途上国は領海200カイリを宣言しました。また、アメリカ合衆国、カナダ、EC諸国（現在のEU諸国）などの先進資本主義国や、ソビエト連邦（現在のロシア連邦）などの社会主義諸国も外国漁船を閉め出し自国権益を確保するために、領海の拡張とともに1977（昭和52）年に200カイリの漁業専管水域を設定しました。日本も、遅ればせながら同年12月に、日本近海で操業するソビエト連邦、韓国などの外国漁船を閉め出すために領海を12カイリに拡張するとともに、200カイリの漁業専管水域（今日の排他的経済水域）を設けました。こうして自由に操業できたはずの公海漁場が沿岸国によって囲い込まれていきました。同時期、二度にわたる石油危機による燃油高騰の影響もあって遠洋漁業は経営危機に見舞われ、自主廃業や計画的減船による整理縮小が行われました。これは減船によって供給量を調整し、経営的に採算のとれる魚価の実現を目指したものでしたが、外国からの安価な輸入水産物の増加によって、期待されたほどの魚価の上昇は実現せず、コスト削減の必要性からやがて外国人漁船員を採用することによって活路をみいだそうとしました。しかし、これとて経営建て直しの抜本的な解決策にはなりませんでした。鹿児島県でもなじみ深い遠洋カ

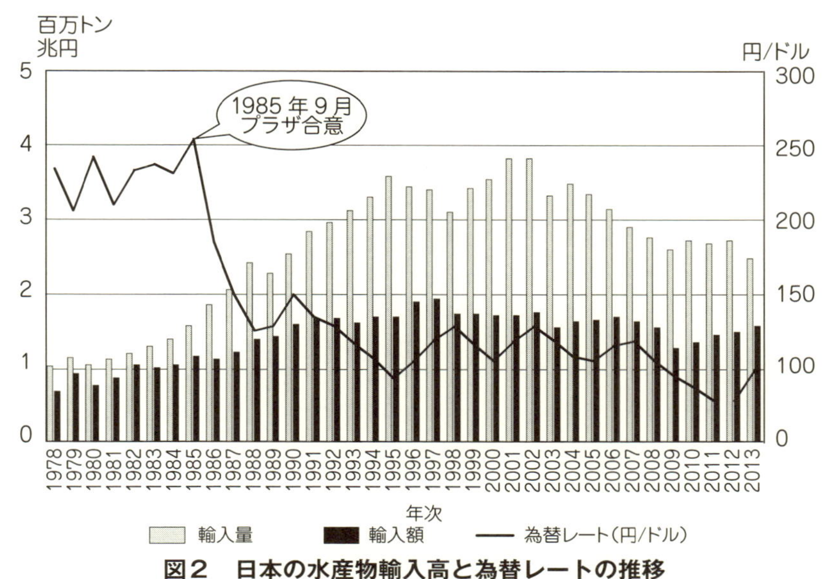

図2　日本の水産物輸入高と為替レートの推移

資料：水産庁「水産物貿易統計」および日本銀行「金融経済統計」より作成

ツオ一本釣漁船の場合、1965（昭和40）年に30経営体41隻あったものが、今では枕崎の２経営体３隻に減少しています。

沖合漁業はマイワシの豊漁（1988（昭和63）年に漁獲量は449万トンとピークを迎え、当時の総漁獲量の35.1％を占めていました）や、日本海の大和堆でのイカ釣漁場および隠岐堆周辺海域での紅ズワイガニ漁場の新規開拓などによって、1980年代半ば頃までは発展していきます。しかし、その後、マイワシの急減による旋網（まきあみ）漁業経営体の相次ぐ廃業によって漁獲量は減少していきます（図１）。

一方で、1985（昭和60）年９月のプラザ合意による急激な円高ドル安によって、輸入水産物は急増します（図２）。その中身もマグロ・エビ・カニ・ウニといった刺身・寿司ネタに使われる高級食材だけにとどまらず、サケ・サバ・イカなどの値ごろ感の良い大衆魚をも含むありとあらゆる魚種におよびます。当然のことながら、食用魚介類の自給率も急激に下がり、ピーク時の1964（昭和39）年の113%が2011（平成23）年には58%にまで下がってきています。その背景には円高以外に、水産物市場で市場占有率を高めた量販店のバイイングパワー(巨大な販売力を背景とした強い仕入力・購買力）があります。欠品による客離れを防ぎたい量販店にしてみれば、仕入れの４定条件（定時、定価、定量、定質（定規格））を満たす食材としては、国産よりも外国産の方が扱いやすかったことが理由にあげられます。魚価も1970年代まで上昇してきましたが、1980年代に入ると上げ止まりをみせるようになります。

図3　鹿児島県が奄美海域に設置した表層式パヤオ

資料：http://houeimaru.amamin.jp/e89421.html より引用

漁場の縮小、水産資源の減少、魚価の低迷、燃油・資材の高騰といった４重苦の中で、日本漁業は拡大発展から縮小再編に見舞われると同時に、沿岸漁業の見直しも進められていきます。沿岸漁業では永続可能な自立経営漁家の育成を目指して、人工魚礁の設置や藻場造成などの漁場整備の他、種苗生産・中間育成・放流による栽培漁業の推進、養殖業の振興、漁業者自身による漁場利用秩序を確立するための「資源管理型漁業」の実践など、様々な方策がとられました。

沖合・遠洋漁業では、燃油多消費型漁業の見直しと省エネ操業が試みられます。たとえば探査船・網船・運搬船からなる船団操業方式の旋網漁業では、船団隻数の削減や大型船から小回りがきき、船体検査料などの維持費が安くて済む19トン型の中型船への転換が、またカツオ漁業では、近海カツオ一本釣漁業でのパヤオ（浮き魚礁のことで、フィリピンでの呼称。図３）の設置による燃油を節減した日帰り操業や、遠洋カツオ漁業では一本釣漁業から漁獲効率の良い旋網（海外旋網）漁業への転換が進められました。国でも

「もうかる漁業」事業によって、従前より少ない漁獲量でも採算に見合った操業ができるように、船団の隻数を減らす対策以外に、複数の資源を効率的に漁獲し、投下資本の回転率を上げるような操業形態の確立を目指した漁船漁業の構造改革を進めています。

こうして魚価の低迷、燃油・資材の高止まりのなかで、漁業者は漁業経営を安定維持していくために、コスト削減への不断の努力と、水産物の高付加価値化（ブランド化）への対応、および和食ブームを追い風とした輸出による新たな市場開拓を迫られることになりました。

2　カツオはどこから来るの?

(1)カツオのたどる道

魚にはカレイ類やヒラメ類のように一年を通してほぼ同じ海域に生息するものと、カツオ類（以下、「カツオ」と呼ぶ）やマグロ類・ブリ類などのように、産卵・索餌のために移動するものとがあります。カツオは赤道付近の暖かい海域で生まれ、やがてエサとなるイワシ類などを求めて高緯度地方に向けて移動をはじめます。日本近海に姿をみせるカツオは黒潮に乗ってフィリピン沖から台湾沖を経由して南西諸島・日本列島に沿って北上してくる黒潮系と、小笠原海流に乗って小笠原諸島・伊豆諸島を経由して北上してくる小笠原系の大きく２系統があります（図４）。カツオは夏になると日本近海に姿をみせるため、初ガツオは初夏の季語にも使われています。夏場、三陸沖でたっぷりエサを食べて肥え太ったカツオは、やがて秋になり水温の低下とともに、生まれ故郷を目指して南下していきます。これが下りカツオとか、戻りカツオとか、脂肪がたっぷりのった濃厚な味わいを醸しだすところからトロカツオとか呼ばれ、刺身やタタキに利用され、カツオ節には加工されません。このように日本に回遊してくるカツオは、赤道海域と三陸沖海域とを一年を周期に往復しています。

カツオ節に加工されるカツオは、赤道海域でとれた脂肪の少ないカツオで

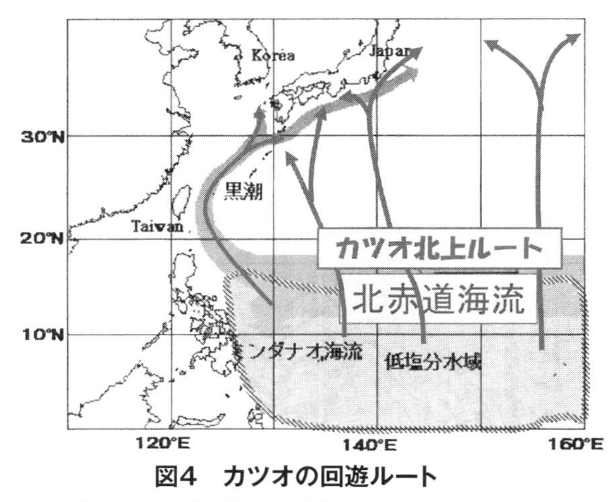

図4　カツオの回遊ルート

資料:二平　章「カツオの回遊生態と資源」『水産振興』第497号、p.13より引用

す。それはカツオ節の加工に要する時間が短縮されて製造費が安く済むのと、何よりもカツオ節としての品質が良いためです。脂肪が多いと加工時間が長くなるだけではなく、ダシをとった場合、ダシが濁り、脂肪の酸化によって変色も早く、風味が損なわれるからです。今でこそ、カツオ節加工用のカツオを手に入れるために、赤道海域にまで出漁していますが、19世紀までのカツオ漁はもっぱら日本近海で行われていました。南方海域への出漁は20世紀に入ってからのことであり、南方漁場開拓の先駆者の一人が鹿児島県坊津出身の原耕でした。

（2）カツオ漁のいろいろ—伝統漁法と新たな漁法—

カツオ漁といえば一本釣がよく知られていますが、これ以外にも、船の両舷から竿を伸ばし、竿から疑似餌のついたロープを海面に垂らして曳く曳縄漁業（図5）とか、今日主流となっている旋網（海外旋網）漁業があります（図6）。日本で旋網によるカツオ漁に注目しはじめるのは1960年代のことです。日本近海で操業していた北部旋網漁業者が、東部太平洋海域で操業していたアメリカの旋網漁船の好成績に刺激されてはじめたもので、1966（昭

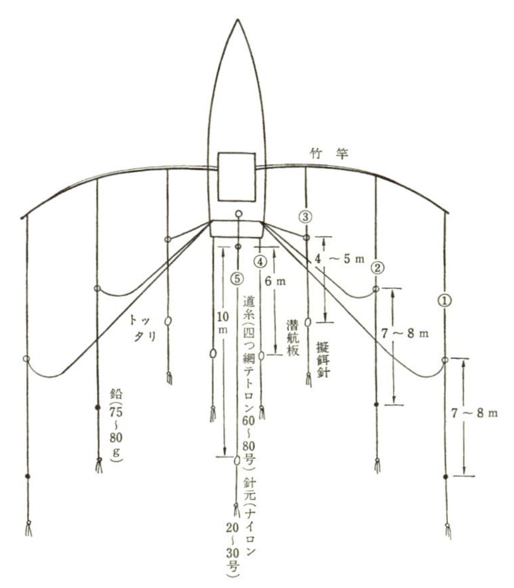

図5　カツオ曳縄漁具見取図

資料：金田禎之『日本漁具・漁法図説』成山堂書店、p.496より引用

和41）年に「海外まき網漁業者協議会」（現在の（社）海外まき網漁業協会）を結成し、1970（昭和45）年に「海外まき網漁業株式会社」を設立した後、翌1971（昭和46）年に、日本初の米国式旋網船「日本丸」を建造して、海洋水産資源開発センターの調査船として東部太平洋海域で資源調査を実施しました。1972（昭和47）年からは西太平洋海域での本格的な操業を開始し、今日に至っています。1977（昭和52）年の時点で13隻であった海外旋網漁船は、その後、石油危機を契機とする燃油価格の高騰や200カイリ規制による海外漁場からの締め出し、産地市場価格の低迷、円高による輸出不振などが重なって経営難に陥った北部旋網漁業、遠洋カツオ・マグロ漁業、近海カツオ・マグロ漁業、遠洋カツオ一本釣漁業からの減船を代償とした転換が進み、今では35隻を数えます。最近になって、中西部太平洋島嶼国からの要請によって現地合弁事業に参加する船が増えてきています。

ところで、「海外旋網」とは、大中型旋網の内、200トン以上の漁船を使っ

図6　枕崎港に入港した海外旋網船

（撮影:田中、2011年11月12日）

て太平洋中央海区、インド洋海区でカツオ・マグロを漁獲対象にして周年操業する旋網を指します。海外旋網の操業海域はおおむね北緯20度以南であり、一部の漁船は北緯20度以北のインド洋海域での操業が認められています。また、夏場の6～9月に北緯20度以北の北部太平洋海区で操業する漁船もあります。広大な中西部太平洋海域は囲い込みによって公海の占める面積が狭くなったため、島嶼国の200カイリ水域に入漁しなければ事実上操業できません。この海域で、日本をはじめ韓国、中国、アメリカ合衆国、欧州諸国、島嶼国の旋網船が入り乱れて操業しています。日本以外のアジア・欧米諸国の隻数は1980（昭和55）年頃から増えはじめ、1990（平成2）年以降は旺盛な缶詰需要による価格上昇に支えられて大幅に増加してきました。2012（平成24）年の時点での中西部太平洋海域で操業する旋網漁船は271隻を数え、この内、日本漁船は35隻を占めています。

（3）カツオ資源は大丈夫かな？

ヘリコプターを使ってカツオの群を探索し、一網打尽にする海外旋網船が登場するにおよんで、カツオが獲り尽くされてしまう心配はないのでしょうか。

魚介類などの生物資源が鉱物資源と異なる特性は、自己更新性を持っているところにあります。種を根絶やしにしない限り、永続的な利用が可能となります。それ故、いにしえより漁業者は水産資源を保護・管理するための自主的なルールづくりを行ってきました。ところが沖合・遠洋漁業では監視の目が行き届かず、無主物先取の自由競争に委ねると、遅かれ早かれ水産資源は枯渇することになります。そこで日本では1996(平成8）年6月の「海洋法に関する国際連合条約」（通称「国連海洋法条約」）批准を機に、200カイリ内の水産資源の保護と持続的な利用をはかるために、資源の減少が顕著な魚種や、外国漁船と競合関係にある特定魚種について、年間漁獲量の上限を定めた「海洋生物資源の保存及び管理に関する法律」（通称「TAC法」）を制定しました。ここで指定された魚種は沖合漁業の主な漁獲対象物であるサンマ、スケトウダラ、マアジ、マイワシ、マサバおよびゴマサバ、ズワイガニ、そしてスルメイカの7魚種でした。遠洋漁業で主に漁獲されるマグロなどの高度回遊性魚種については、「中西部太平洋まぐろ類委員会」(WCPFC）などの国際的な地域漁業管理機関で漁獲量規制などの資源管理が行われています。ただ、カツオについては、その漁獲量が最大持続可能漁獲量（MSY）には達していないということで、直接的な漁獲規制は行われていません。しかしながら、赤道海域における海外旋網船による漁獲圧力が増大していることから、近年、赤道海域でのカツオの分布域の縮減がみられ、それが日本近海など中緯度海域でのカツオ資源の減少に影響をおよぼしてきているのではないかとの指摘もされています。それ故、カツオを将来にわたって永続的に利用するために、実効性のともなう国際的な資源管理を実施する時期にきているのではないかとの意見も聞かれます。

3　魚の習性を漁に活かそう

前節で、生物資源は自己更新性を有し、適切に管理すれば枯渇することなく永続的な利用が可能になるとの話をしました。また、昨今の漁業をとりまく厳しい経営環境の話もしました。本節では、資源にやさしい漁法で漁をし、なおかつ経費節減に努め、そのうえ六次産業化によって安定した経営基盤を築いているカツオ一本釣漁業経営体の取り組みを紹介したいと思います。

資源にやさしい漁法とは釣漁法を指します。一本の針に掛かった魚を獲るため、効率は決して良くありませんが、魚を一尾ずつ丁寧に扱うため商品価値を高くすることができますし、混獲を防ぐことも、小型魚を活かした状態で海に戻したり、畜養して大きく育てて出荷することもできます。ところが釣と対極に位置する旋網の場合は、網で囲い込まれた魚を魚種の如何を問わず、また、サイズの別なく根こそぎ獲ってしまいます。その際、ワシントン条約で国際的な取引が禁止されているウミガメを混獲することも珍しくはありません。こうした点から、資源にやさしい未来志向型の漁法として、釣漁法が見直されています。一方で、効率の悪さから大量漁獲は望めません。そのため、釣漁業による漁業経営を成り立たせるためにはひと工夫も、ふた工夫も必要になります。その一つに経費節減への取り組みが、二つに付加価値をつけた販売方法の工夫が必要となります。そうした取り組みに正面から向き合っている経営体を紹介します。

鹿児島県奄美市名瀬大熊には1922（大正11）年設立のカツオ一本釣漁業共同経営体があります。設立目的、組織の性格、90年余りにわたって共同経営体として存続してきた要因などについては、拙著『200カイリ時代の漁業共同経営』（成山堂書店、2003年）で詳しく触れています。

まず漁獲方法は伝統的な一本釣漁法です。魚群探知機のない時代には、カツオ鳥の飛び交う姿（鳥山）を見つけ、「なぐら」と呼ばれる魚群をめがけてエサとなる生きたキビナゴやカタクチイワシを撒き、返しのない針でカツオを釣っていました。漁法は今でも同じですが、カツオの群を追いかけて獲るのではなく、奄美大島周辺海域に設置されているパヤオを利用した省エネ操業に徹しています。夜中に出港し、奄美大島周辺海域のパヤオを６～８カ所回り、２、３トン水揚げしたのち夕方に帰港する日帰り操業を基本としています。パヤオ（図３）は、魚が流木や流れ藻に寄りつく習性を利用した人工魚礁で、カツオ・マグロなどの回遊魚の回遊コースにあたる黒潮の流れに

表１　H鰹漁業生産組合の収支内容

項　目	1998年		1999年		2007年		2008年	
	金額（千円）	割合（%）	金額（千円）	割合（%）	金額（千円）	割合（%）	金額（千円）	割合（%）
売上総額	172,912	100.0	148,510	100.0	115,833	100.0	122,844	100.0
自販機売上額	527	0.3	1,496	1.0	2,001	1.7	866	0.7
卵・蒲鉾売上額					3,075	2.7	3,225	2.6
総菜売上額					4,656	4.0	4,324	3.5
鮮魚売上額	100,149	57.9	79,013	53.2	65,764	56.8	65,077	53.0
出荷売上額	61,535	35.6	52,830	35.6	25,253	21.8	37,763	30.7
製品売上額	10,702	6.2	15,171	10.2	15,085	13.0	11,589	9.4
当期純利益額	2,715		-18,339		18,112		3,780	
販売費および一般管理費	29,807		26,481		25,616		21,295	
当期製品製造原価	144,906	100.0	142,023	100.0	80,746	100.0	90,537	100.0
労務費	65,775	45.4	54,910	38.7	22,336	27.7	19,867	21.9
修繕費	7,125	4.9	17,899	12.6	5,010	6.2	2,787	3.1
燃料費	27,546	19.0	25,217	17.8	25,191	31.2	31,176	34.4
減価償却費	7,483	5.2	6,436	4.5	7,417	9.2	8,798	9.7
その他	36,977	25.5	37,561	26.4	20,792	25.7	27,909	30.8

資料：H鰹漁業生産組合決算表より作成

沿った海域に数多く設置されています。奄美海域には表層式から中層式まで、設置者も鹿児島県から地元漁業協同組合まで数多くのパヤオがあります。パヤオは沖縄では1982（昭和57）年に、奄美群島では1984（昭和59）年に導入されていますし、日本以外でも、インドネシア、フィリピン、台湾などの海域にも設置されています。パヤオを使った操業は、さながら「釣堀」での釣に似ています。燃料費が節約できるだけではなく、パヤオに行けばほぼ確実に水揚げがあり、日帰り操業であるために鮮度が良く、しかも当日の刺身需要と一日のカツオ節加工処理能力に合わせて計画的に水揚げができます。経費節減は船体の小型化によっても実現しています。この経営体が従前使用していた94トン型カツオ船の場合、３年ごとの船体検査料に約1,000万円、修理代を含めて約2,100万円かかっていましたが、現在使用している14トン型のカツオ船の場合、船体検査料がわずか10万円ぐらいで済みます。しかもスリム化することによって乗務員数を14名から５名もしくはそれ以下

図7　H鰹漁業生産組合の加工場兼販売所

（撮影：田中、2013年8月27日）

に減らすことができ、人件費の節約にもなりました。表1は、この共同経営体の94トン型時代の1998・1999（平成10・11）両年と14トン型に切り替えた2007（平成19）年および2008（平成20）年の収支内容を比較したものです。売上金額は94トン型時代の方が14トン型時代と比べて多いですが、経費（当期製品製造原価）は14トン型になってから大幅に減少し、年平均で約5,782万円の節約となり、1999（平成11）年の赤字経営が2007・2008（平成19・20）両年は黒字経営に経営内容が好転しています。これは原油価格の上昇で燃料費は増えたものの、労務費および修繕費が大幅に減少したためです。この他、漁船を小型化したことによる利点として、喫水が浅いため釣竿が短くて済み、楽にカツオを釣ることができるようになったこと（乗務員の労務負担の軽減）と、船体が小型化することによって魚の警戒心が解け、船への魚の寄りつきが良くなったことなどがあげられます。

二つ目の工夫として、売上げを増やすための取り組みがあります。たとえば、漁獲物の用途別仕向けでは、1kg当たり600～700円の比較的高い値段で売れるシビ（キハダマグロの幼魚）を中心に刺身で処理し、加工場内に設けた店舗で地元民に販売しています。販売日には目印として「カツオのぼり」をあげます（図7）。残りは奄美市の水産会社や食品スーパーに卸しています。小型のカツオはカツオ節加工用として処理し、削り節として販売しています。さらに魚コロッケや餃子などの総菜も製造・販売しています。また、奄美市長からゼロ・エミッションの助言を受けて発酵処理機を購入し、刺身やカツオ節の製造過程で発生する頭部、骨、内臓などの残滓（ざんさい）も捨てずに発酵させて堆肥をつくり、資源として有効活用しています。なお、地元での需要を上回る1日2トン以上の水揚げがあった場合には、水氷の入ったコンテナで鹿児島市中央卸売市場に出荷しています。このように優先順位をつけた用途別の仕向けを行い、かつ残滓も商品化するなど、余すところなく漁獲物を利用して売上金額の最大化をはかっています。こうした六次産業化への取り組みによって、出資組合員6名以外に、正規・非正規従業員10名の雇用を生み出しています。さらに関西から修学旅行生を受け入れて、ブルーツーリズムを実施しています。その内容は漁港の風景を眺め、潮風や魚の匂いを嗅ぎとり、生産者から話を聞き、生け簀の中のシビで釣体験をし、釣り上げたシビを調理して舌鼓を打つという視覚・嗅覚・聴覚・触覚・味覚の五感を刺激した体験学習です。六次産業化以外の取り組みとしては、魚食普及のための魚の捌き方講習会や奄美群島水産青年協議会と連携した「新鮮お魚祭り」の開催、地元中学生の職場体験の実施、児童福祉施設への魚の提供、地元小・中学校の学校給食への削り節パックや切り身の納入、地元の伝統行事である船漕ぎ競争への参加など、様々な活動を通して地域に貢献しています。

4　カツオを丸ごと利用して、高く売ろう

（1）日本一のカツオ節生産地である枕崎の優位性はどこにあるのかな？

カツオの漁港別水揚量をみますと、生鮮カツオでは宮城県気仙沼が一番であり（表2）、しかも東日本大震災による被害を克服して、1997（平成9）年以来17年連続日本一の水揚げを記録しています。その理由としては三陸沖の好漁場に近い地理的優位性と、カツオの水揚地としてインフラ（社会基

表2　2009年の漁港別カツオの水揚げ量

単位：トン

漁港名	生鮮カツオ	冷凍カツオ	合　計
気仙沼	17,289	535	17,824
石巻	2,053	9,803	11,856
千葉勝浦	7,678	−	7,678
焼津	265	121,060	121,325
枕崎	−	35,613	35,613
山川	643	32,084	32,727
鹿児島	4,315	−	4,315
その他	11,076	1,776	12,852
合　計	43,319	200,871	244,190

資料：農林水産省産地水産物流通統計（平成21年）より作成

盤）が整備されていることがあげられます。他方、冷凍カツオの水揚げでは、鹿児島県の枕崎・指宿市山川と静岡県焼津の上位3港で94％を占めています（2009年）。それは3地域においてカツオ節加工業が盛んで、その原魚として海外旋網船で漁獲されたり、外国から輸入された冷凍カツオが水揚げされているからです。ちなみにカツオ節の生産割合をみると、枕崎市が41％、指宿市山川が34％、焼津市が22％、他の産地が3％を占めています（2012年）。枕崎市と指宿市山川をあわせると日本全体のおよそ四分の三を占めていることから、カツオ節の本場は鹿児島県ということになります。

ところで、枕崎市がカツオ節生産量日本一になった理由としてどのようなものがあるのでしょうか。本書の執筆者の一人でもある枕崎水産加工業協同組合参事の小湊芳洋氏によると、煮熟（しゃじゅく）に欠かせない良質の水が豊富にあることや、焙乾および燻乾に必要な薪として使われるカシやクヌギ、ナラなどが近隣で容易に調達できることなどをあげていましたが、これ以外にも、①枕崎市漁業協同組合（以下、「枕崎市漁協」と称する）や枕崎水産加工業協同組合の県外船を誘致するチカラが強いこと、すなわち加工原魚を確保するために1983（昭和58）年に水深6ｍの外港を築き、1985（昭和60）年から海外旋網船を誘致し、原魚価格のプライスリーダーとしての地位を築こうとしたことや、1993（平成５）年に輸入魚を扱えるように保税地域の指定を、1999（平成11）年７月１日には開港指定を受け（鹿児島税関支署枕崎出張所の開設）、貿易港として輸入水産物取り扱い業務の条件整備を全国に先駆けて枕崎市・枕崎市漁協・枕崎水産加工業協同組合が一丸となって積極的に進めてきたこと。②一航海50日前後の日本の海外旋網船の日本人乗組員（東北出身者が多い）が帰省を待ち望み、缶詰工場の集積しているバンコクやフィリピン東方沖の漁場から遠い焼津ではなく、漁場に近い枕崎への帰港と水揚げを望んでいること。③人件費が安いこと。④地震によるリスク（被害を被る危険性）を分散したい企業の投資行動、すなわち地震による被害を避けたり、軽減したりするためにカツオ節加工工場を消費地に近い焼津市以外の枕崎市にも設けたい企業の思惑があること。⑤カツオ節を利用した商品化の広がりとカツオ節の製造工程から生じる残滓を高付加価値商品の原料に作り替える産業技術の集積がみられること、などが枕崎市をカツオ節生産量日本一の地位に押し上げた要因であり、他産地と比べた場合の強みでもあります。と同時に、枕崎市を今後、飛躍的に発展させていくための鍵となるのは、こうした恵まれた条件をいかに活用して新たな商品開発やサービスの提供につなげていくかにかかっています。これまでにも、枕崎市の地域おこしに参画する人々によって「枕崎鰹船人めし」、「かつおラーメン」、「茶節」、「かつおせんべい」などカツオ節を使ったご当地グルメや商品がたくさん生み出されてきましたし、残滓を有効活用して機能性食品の原料となる魚油などの製品も多数生み出されていますが、枕崎市がさらに飛躍的な発展を遂げるためには、高次加工を見据えた高付加価値化への不断の取り組みが不可欠です。

（2）人々の暮らしを支えるカツオ

枕崎市民の暮らしはカツオとどう関わっているのでしょうか。資料を使って読み解いてみます。表３は国、鹿児島県、枕崎市の2010（平成22）年の産業別就業人口割合を、表４はそれぞれの2009（平成21）年の産業別生産

表3　2010年産業別就業人口割合

国・県・市	第一次産業（%）	第二次産業（%）	第三次産業（%）	総　数
国	4.2	25.2	70.6	5,961万人
鹿児島県	10.4	19.6	70.0	77.7万人
枕崎市	13.0	24.6	62.4	10,891人

資料：平成22年国勢調査より作成

表4　2009年の国内総生産および鹿児島県・枕崎市総生産の産業別割合

国・県・市	第一次産業（%）	第二次産業（%）	第三次産業（%）	総数（億円）
国	1.2	23.5	75.3	4,711,387
鹿児島県	3.5	17.7	78.8	53,614
枕崎市	7.8	36.8	55.4	942

資料：内閣府国民経済計算確表・鹿児島県県民経済統計年報および枕崎の統計より作成
備考：国は暦年、県・市は会計年度である。

割合を示したものです。枕崎市が国、鹿児島県と比べた場合の特徴は、一つには、就業人口と産業別生産額のいずれにあっても第一次産業の割合が高いこと、二つには産業別生産額において第二次産業の割合が高いことが指摘できます。このことから、第一次産業と第一次産業（食）に関係する加工業が盛んであることが類推できます。それを確かめるために表5の2010（平成22）年度の産業別生産額と従事者数をみてみます。第一次産業では農業よりも漁業が、製造業では飲料（焼酎の生産）と並んでカツオ節を中心とした水産加工業が盛んであることがわかります。漁業と水産加工業をあわせた生産額は約333億円で枕崎市全体の約37%を占め、従事者数では水産加工業従事者を約1,000人と推定した場合、約11%を占めています。しかも水産加工品生産額213億1,055万円の内、約76%がカツオ節生産で占められています。このことから、枕崎市は、カツオ漁とカツオ節製造を中心とした水産加工業に大きく依存したモノカルチャー（単一栽培）的色彩の強い地域であることがわかります。では、カツオ漁とカツオ節生産で確固たる地位を築いている枕崎市の先行きに不安材料はないのでしょうか。それを次に探求していきます。

表5　2010年度の枕崎市産業別生産額と従事者数

産　　業	生産額（万円）	従事者数（人）
農　業	1,017,014	640
林　業	6,088	
漁　業	1,194,461	168
内、カツオ類	680,370	
製造業	4,995,392	1,477
食料品	2,528,069	1,182
内、水産加工業	2,131,055	約1,000
飲　料	2,315,687	160
その他製造業	151,636	135
鉱　業	117,395	
商　業	※3,274,960	2,047
合　　計	8,946,563	10,891

資料：枕崎の統計および鹿児島県県民経済統計年報より作成
備考：1　※商業統計は2007（平成19）年度資料である。
　　　2　漁業従事者は正組合員であり、他に571人の准組合員がいる。
　　　3　従事者数は2010（平成22）年の国勢調査の数値である。なお、
　　　　水産加工業の従事者数は聞き取りによる推定値である。

（3）枕崎市の過去、現在、未来

カツオ漁とカツオ節製造を中心とした水産加工業は、さながら車の両輪のごとく枕崎市の地域経済を支えてきたことを前項で説明してきましたが、最近になって、どうも雲行きが怪しくなってきました。

カツオ漁にあっては、燃油・資材の高止まりと、海外旋網漁業の出現による供給過剰を起因とする刺身・タタキ食材としてのカツオ価格の低迷、そうした状況下での賃金の伸び悩みから慢性的な労働力不足に直面し、遠洋カツオ一本釣漁業は今日、深刻な経営危機に陥っています。こうしたことは何も今に始まったことではありません。1970年代の二度にわたる石油危機による燃油高騰や200カイリ漁業専管水域の設定による公海漁場からの締め出しなど、過去においても幾度となく危機的状況に直面してきました。その都度、経営建て直しのための計画的減船整理によってカツオの需給調整をしたり、

販売価格の上昇を期待して1980（昭和55）年以降、缶詰・カツオ節用の原魚生産から国内向けの刺身・タタキ用の高品質のB1製品（ブライン凍結１級品）へと生産の重心を移してきました。B1製品は、漁獲したカツオをマイナス20度にまで冷却した塩化ナトリウム溶液につけ込み急速冷凍したものです。やがて海外旋網船でブライン凍結処理したカツオ（PS凍結品）が市場に供給されるようになると、一本釣漁業と海外旋網漁業との間で再び価格競争が激化したため、枕崎市漁協自営遠洋カツオ一本釣漁業はその存続をかけて2005（平成17）年からB1カツオをブラッシュアップしたS1カツオ、すなわちブライン凍結の直前に１尾ずつ素早く丁寧に船上で血抜きをしてマイナス20度で凍結したスペシャル１級品カツオを製造し、生き残りをはかっています。このS1カツオの特徴は鮮やかな赤みと生臭さのないさわやかな味、そして弾力性のあるモチモチとした新食感の歯ごたえにあり、「枕崎ぶえん鰹」の商標で市場に供給され、ご当地グルメ「枕崎鰹船人めし」の具材としても使われています。こうした製品差別化戦略以外にも、人件費の節約と労働力不足を補うために、外国人船員（キリバス人）を乗船させたりもしています。こうした努力をしてでも、赤字経営から抜け出すことは容易ではありません。図８は枕崎市漁協の自営カツオ一本釣漁業と加工事業の経常収支の推移をみたものです。1989～1999（平成元～平成11）年までの11年間は、自営漁業は黒字を計上しています。他方、加工事業はこの間、黒字の年と赤字の年が相半ばしています。ところが2007（平成19）年以降になると状況は一変し、自営漁業は慢性的な赤字経営となり、その赤字を加工事業の黒字で補填しようにも補填しきれない様子がみてとれます。そこで枕崎市漁協は自営漁業の赤字額を減らすために、2012年11月に自営船２隻の内、船齢17年の老朽船を廃船し、１隻経営にしました。1956（昭和31）年に中古船１隻からスタートした枕崎市漁協自営遠洋カツオ一本釣漁業は1970（昭和45）年には５隻になり、その後、漁船の大型化と高馬力化をはかり、1991（平成３）年には総トン数1,994トン、総馬力数8,100馬力でピークを迎えましたが、カツオ一本釣漁業経営は好転せず、1992（平成４）

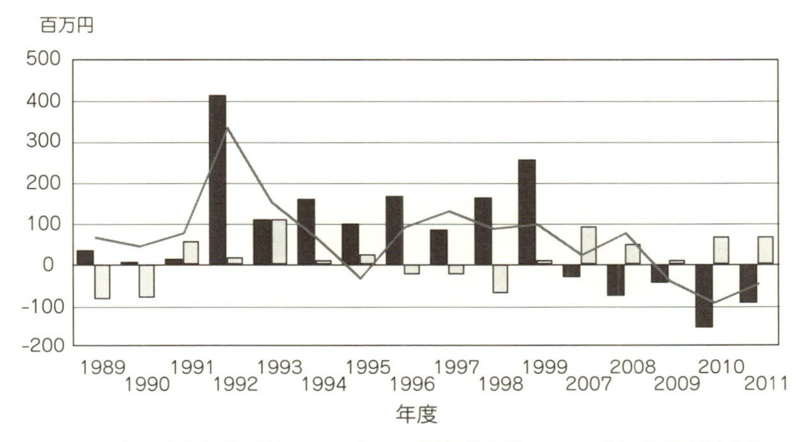

図８　枕崎市漁協自営漁業・加工事業経常収支の推移

資料：枕崎市漁協業務報告書より作成

年には３隻に、2006（平成18）年に２隻となり、2012（平成24）年11月にはついに１隻を残すのみとなりました。ちょうど日本漁業の歩み、すなわち拡大発展から縮小再編の道をたどってきたのと軌を一にしています。

さて、いよいよ最後に、枕崎市の将来のあるべき姿を描くことにします。枕崎市の地域資源と強みが一体何であるのかを思い起こせば、将来像が描けるのではないでしょうか。枕崎市が他地域に誇れる、差別化できる地域資源は何かと尋ねれば、カツオをおいて他にはありません。そのカツオを余すところなく利用し、付加価値をつけて販売するところに枕崎市のさらなる発展をもたらす鍵が隠されているように思えます。その方法としては、六次産業化と農水商工連携（異業種連携）があります。前者については今日、農林水産省が、後者については農林水産省と経済産業省が第一次産業並びに地域経済の立て直し策として推奨しているものです。

漁業における六次産業化とは、川上（産地）から川下（消費地）に至る流通過程で、生産者の取り分が極めて少ないことを背景に、それを打開するために、漁業者自身が漁獲した水産物を加工し販売する、生産・加工・販売を一体化させた付加価値向上への取り組みの他、漁業・漁村体験学習を通して都市住民との交流を促進し、漁家民宿・レストラン経営などの地域ビジネスの展開や新たな産業の創出によって、都市から漁業者・漁村への所得移転をはかる一連の取り組みを指します。第一次産業の六次産業化を後押しするために、2010（平成22）年11月に「地域資源を活用した農林漁業者による新事業の創出等及び地域の農林水産物の利用促進に関する法律」（通称「六次産業化法」）が制定されました。ちなみに2005（平成17）年の農林水産省の試算によると、73.6兆円ある国内の食関連需要の内、農林漁業者に帰属する額はわずか9.4兆円であり、全体の12.8%を占めるに過ぎません。残りは外食産業、加工業者、流通業者などの取り分になっています。

農水商工連携とは、農林漁業者と商工業者との連携による新たな商品やサービスの開発提供、付加価値の向上、雇用の創出などを通して地域経済の再生をはかる一連の取り組みを指し、事業推進のために2008（平成20）年５月、「中小企業者と農林漁業者との連携による事業活動の促進に関する法律」（通称「農商工等連携促進法」）が成立しました。農水商工連携によって期待される効果としては、①域内での売り上げ増加、②域内での雇用創出、③地域課題解決への寄与、④生産者の所得・モチベーションの向上、⑤女性・若者などの人材育成・活躍の場の提供、⑥地域の知名度アップなどがあります。

枕崎市にあっては、これらの事業を推進するための技術蓄積がみられるとともに、産業連関がある程度形成されています。六次産業化については枕崎市漁協を中心に早い時期から取り組みがなされてきました。直接のきっかけは、石油危機による燃油高騰と海外旋網漁船の大量漁獲によるカツオ価格の下落から、カツオ節加工用・缶詰原料用としてカツオを出荷していたのではカツオ一本釣漁業は生き残れないとの経営判断から、1980（昭和55）年に刺身・タタキを製造するための総合加工場を建設したことにあります。カツオ一本釣漁業を残すためには総合加工場の建設が必要であり、総合加工場を稼働させるためにもカツオ一本釣漁業を存続させなければならなかったのです。かくしてカツオ一本釣漁業と総合加工場は車の両輪のごとく一体化し、切っても切り離せない密接な関係を築いてきました。こうした取り組みが功を奏して、一時的に遠洋カツオ一本釣漁業経営の建て直しに成功しました。今ではさらなる品質向上による価格上昇効果を狙って、船上で素早く血抜きをして凍結するS1カツオを製造し、組合自営遠洋カツオ一本釣漁業の存続をはかっています。販売面では大手量販店および協同組合間提携を強化して、得意先との契約出荷によって安定した販路を確立しています。

他方、農水商工連携による商品開発としては、頭部、骨、内臓などの残滓やカツオ節製造工程から出る煮汁を発酵させて機能性食品や医薬品、ペットフード、飼肥料などの製造が考えられます。実際、枕崎水産加工業協同組合の化成工場で残滓を処理して魚粉、魚油、フィッシュソリブル（有機アミノ酸液肥）などが製造され、2011（平成23）年度には約5億円の売り上げを記録していますが、如何せん一次加工の段階にとどまっており、より付加価値の高い商品づくりに欠かせない二次加工・三次加工を行うまでに至っていません。同様のことがカツオ節製造についてもいえます。現在のように指定工場制の下で、ダシメーカーに原料を供給する一次加工の地位に甘んじている限り、今後、飛躍的な発展は望めないでしょう。調理の簡便さを求める消費者の要求に応えた「本場の本物」の味を堪能できる商品づくりや、より機能性を追求した商品開発を枕崎市の漁業者・加工業者・一般市民が一丸となって追求するとともに、高次加工を視野に入れた域内外の企業との提携を強力に推進していくことが肝要です。さらに六次産業化の一環として、地域への経済的波及効果の高い観光業振興にも目を向け、観光業と第一次産業・第二次産業（食品加工業）との連携をはかる総合的な取り組みも必要です。その際、カツオに焦点を当て、「本場の本物」の味を堪能できるカツオ満喫ツアーを企画し、「枕崎鰹船人めし」、「かつおラーメン」、「かつおハンバーグ」、「茶節」、「かつおせんべい」など、カツオのまち、枕崎市の「ブランド力」を余すところなく利用した多彩な品揃え（オリジナル商品）で観光客をもてなすとともに、単に食文化の情報発信だけにとどめるのではなく、カツオ節加工工場や焼酎工場、さらには残滓処理工場の見学コースを設けたり、農漁業体験学習も取り入れるなど、枕崎市の魅力を満載したパッケージ商品として売り出すことで集客力向上をはかる仕組みづくりが重要です。なお、枕崎市への来訪者を増やすための現実的方法としては、観光地として全国的に名高い指宿市や南九州市知覧の観光客を取り込む形の広域観光圏構想を念頭に置いた観光業振興策、具体的には3地点間の周遊コースの整備や、周遊券および観光施設への共通入場券の発行なども一考する余地があるのではないでしょうか。

参考文献

水産庁『水産白書　平成25・23年版』農林統計協会
矢野恒太記念会編集・発行『世界国勢図会 2012/13年版』第23版
矢野恒太記念会編集・発行『データでみる県勢 2013』第22版
枕崎市「枕崎の統計（平成23年）」
鹿児島県『鹿児島県水産技術の歩み』2000
本田良一『イワシはどこへ消えたのか』（中公新書、2009）
中前明「海外まき網漁業―現状と可能性―」『水産振興』543号（（財）東京水産振興会、2013）
金田禎之『日本漁具・漁法図会』（成山堂書店、1977）
二平章「カツオの回遊生態と資源」『水産振興』497号（（財）東京水産振興会、2009）
水産庁水産総合研究センター「平成24年度国際漁業資源の概況―カツオ「中西部太平洋海域」―」2013
農林水産省大臣官房情報評価課『農林漁業および関連産業を中心とした産業連関表　平成17年』2005
農林水産省・経済産業省編『地域を活性化する農商工連携のポイント』2010
多田稔・婁小波・有路昌彦・松井隆宏・原田幸子編著『変わりゆく日本漁業』（北斗書房、2014）
田中史朗『200カイリ時代の漁業共同経営』（成山堂書店、2003）

第Ⅱ部

カツオとカツオ節に懸ける人々

第５章

カツオで地域おこし

― ご当地グルメ「枕崎鰹船人めし」から、北と南をつなぐ「昆鰹プロジェクト」へ ―

林 吾郎

1　あるものは組み合わせ、ないものは持ってくる

枕崎が誇るカツオ漁とカツオ節。「この２つで、地域の活性化ができないか」。この想いは、地域に一つの小さな輪を生み出しました。そして、その小さな輪が作り出したのが、「枕崎鰹船人めし」というご当地グルメでした。「枕崎鰹船人めし」とは、一本釣りされた生カツオ（ぶえん鰹）の切り身を丼の上に乗せ、そして最高級カツオ節本枯節でとったダシをお茶漬け風にかけて食べるご当地グルメです。枕崎はカツオの町ですので、こうした組み合わせは前からあってもおかしくなかったのですが、実は最近までなかったのです。

不思議なことですが、この小さな輪によって生み出された「枕崎鰹船人めし」は、今度は地域に大きな輪を作り出す契機となりました。「枕崎鰹船人めしで地域おこし」というコンセプトが地域で共感を呼び、いろいろなジャンルの団体、市民の間にネットワークが構築されたのです。同じ地域に住んでいながら、異業種の団体や多くの市民をまきこんで、地域横断的に協力態勢が築かれることは、これまたほとんどなかったことなのです。

カツオと言う、極めてまれな特産品をもつ地域の町おこしは、水産業とはかすりもしない、意外な職業につく人物が中心となって進められました。その人物の職業は、襖や室内の内装工事を行なう表具屋さんでした。この表具屋さんが、ある連合会の代表になったことから地域おこしプロジェクトが動いてきたのですが、開始当初の年間予算はわずか５万５千円でした。しかし

「枕崎鰹船人めし」がヒットして、今では、年間予算が1千万円を越えるまでに成長しました。それもわずか4年で。なぜ表具屋さんがご当地グルメをはじめたのでしょう。そして、表具屋さんにとってどんなメリットがあるのでしょう（実はメリットなどほとんどありません）。そうした秘密については、このあと説明していきます。

「枕崎鰹船人めし」は、進化を重ねてきました。進化とは、地域にある「良いもの」と「良いもの」を組み合わせ、人と人との間に新しいつながりを生みだしていくことを意味しました。お茶や、かつおせんべい、そして本枯節の他に荒節も組み入れたご当地グルメは、「枕崎鰹船人めしSP（スペシャル）」となりました。進化を重ねるごとに、人の輪が広がっていきます。

そして枕崎発のご当地グルメは、今、新たな展開を迎えています。

「ご当地」と言うと、ある地域的な制約があるのが一般的です。ですので、ご当地グルメと言えば、地元の食材を利用すると言う不文律のルールのようなものがあります。しかし枕崎の人々の活動は、枕崎という地域の枠を乗り越えはじめたのです。

枕崎にはJR最南端の始発・終着駅があります。そしてJR最北端の始発・終着駅がある稚内市とは、友好都市の提携をしてきました。この二つの都市の特産品は、カツオと昆布です。まさに、日本のダシ文化が誇る組み合わせです。そこで両市は、それぞれの特産品であるカツオ節と昆布を新郎新婦に見たてて、出雲大社で結婚式をあげました。友好都市が夫婦都市へと進化したのです。そして枕崎市、稚内市、そして出雲市の3つの特産品を活かした「ご当地グルメ」が誕生しました。その名も「昆鰹（コンカツ）料理・縁結び出汁愛（だしあい）そば」です。

枕崎市ではじまった小さな輪は、今では稚内市、出雲市の3つの地域を巻き込む巨大な輪を作り始めたのです。この巨大な輪が意味するものはなんでしょうか。それは、ご当地グルメだからといって、狭い地域にこだわり過ぎることはないということです。「地域にある良いものは組み合わせ、ないものは別な地域から持ってくる」という発想力。地域を越えて得意分野と得意分野を合わせる、もしくは強みと弱みを合わせるという企画力こそが、これからの地域おこしに必要ということを表しているのではないでしょうか。ここで紹介するものは、枕崎と言う一地域が、その特産品であるカツオを用いて行なった地域おこしの一事例に過ぎません。しかし私たちは、今回得たノウハウや経験は、県外のどの地域でも、どのような特産品を持っている地域でも、適用可能な事例だと考えています。こうした汎用性、普遍性こそをここでは紹介したいと思っています。

2　オンリーワンの組み合わせ

すでに紹介したとおり、枕崎のご当地グルメの名前は、「枕崎鰹船人めし」と言います。枕崎では、カツオ船にのっていた漁師さんのことを「船人（ふなど)」と呼びます。

カツオ船が大型化されるのは昭和初期のことですが、大型化以前のカツオ船には、漁師達が休憩するような部屋は備えられていませんでした。「船人」たちは、カツオの群れを追いかけて、晴れの日は強い太陽の陽に焼かれ、雨の日は雨具をつけて雨をしのぎました。大変な仕事です。当時のカツオ漁は、短くても２日間、長いときは15日間にも及び、その間屋根のない船上での生活を余儀なくされました。

「枕崎鰹船人めし」は、そうした「船人」たちが一本釣りしたカツオを船上でさばき、ご飯にのせて豪快に食べた「船人めし」を現代風にアレンジしたご当地グルメです。

どのようなご当地グルメかと言いますと、まず、丼にご飯を盛ります。そしてカツオの生の切り身をご飯の上に乗せます。その他にも、ねぎや梅干しなどをトッピングとして乗せます。そしてその後に、本枯節でとったダシをかけて、お茶漬け風にして食べるのです。

「枕崎鰹船人めし」は、後に進化して「枕崎鰹船人めしSP（スペシャル)」になりますが、まずは「枕崎鰹船人めし」の特長を説明しておきます。

「枕崎鰹船人めし」には、３つのルールがあります。

図1　「枕崎鰹船人めし」（提供：枕崎市通り会連合会）

（1）枕崎産本枯節をダシに使用することです。本枯節とは、カツオ節の最高級品で、本枯節でとったダシはこの上もなく上品です。その最高級のカツオ節を惜しみなく使ったダシを、「枕崎鰹船人めし」の上にかけるのです。味わう前に、香りをかいでみてください。食欲をそそられる香りです。

（2）トッピングにカツオの切り身を使用します。ここで皆さんに、枕崎が誇る生カツオを紹介したいと思います。商品名を「枕崎ぶえん鰹」と言います。「ぶえん＝無塩」で、鹿児島弁で新鮮な魚のことを意味します。「枕崎ぶえん鰹」は「第45回全国農林水産祭水産部門内閣総理大臣賞」を受賞しましたが、他の生カツオとはどこがちがうのでしょうか。

第一に、「枕崎ぶえん鰹」に使われるカツオはすべて、一本釣りされたカツオを利用します。旋網（まきあみ）で獲られたカツオではありません。

第二に、一本釣りしたカツオの血抜きを行います。血抜きを行うことで、魚くささがなくなり、カツオの身が鮮やかな赤みを保ちます。

第三に、血抜きしたカツオをマイナス20度の冷凍液につけて凍結させます（ブライン凍結と呼びます）。その後、マイナス50度の保管庫で保管します。

図2　枕崎ぶえん鰹　（提供：枕崎市漁業協同組合）

こうして３つのこだわりを経たカツオが「枕崎ぶえん鰹」です。別名、「S1（えすわん）カツオ」もしくは「活き〆B1カツオ」と呼ばれます。「枕崎ぶえん鰹」が考案される以前は、一本釣りしたカツオをそのままブライン凍結させるB1カツオが高品質とされてきました。「枕崎ぶえん鰹」はブライン凍結させる前に血抜きを行うことで、もちもちした食感、鮮やかな赤色、魚くささがないさわやかな風味を実現しました。

枕崎ぶえん鰹（S1カツオもしくは活き〆B1カツオ）
　一本釣り→血抜き→マイナス20度で凍結（ブライン凍結）
　　　　　　　　　　　→マイナス50度で保管

B1カツオ
　一本釣り→マイナス20度で凍結（ブライン凍結）
　　　　　　　　　　　→マイナス50度で保管

枕崎ぶえん鰹とB1カツオの違い

「枕崎鰹船人めし」には、ぶえん鰹がトッピングされています。

ちなみに、最近は一本釣りではなく、旋網でカツオを獲ることもありますが、旋網で獲ったカツオは冷凍するまでに死んでしまうため、一本釣りで獲ったカツオと比べて鮮度が落ちますし、網のなかで暴れて身が傷つくために、一本釣りのカツオと比べて品質が落ちることは言うまでもありません。

ご飯の上に乗せるカツオにはぶえん鰹を使用して、ダシをとるのに本枯節を用います。別々に食べてもおいしいものを、ぜいたくに一つにまとめてしまいます。おいしくないはずはありません。

(3)「船人めし」の三番目の条件は、トッピングにもカツオ節を使用するというものです。

この公式ルール以外にも実はこだわりがあります。それは、ご飯の下に「かつおみそ」を隠し味に忍ばせるというものです。食べて行くうちに、味が三段階に変化していきます。

まさにカツオづくし。カツオの町ならではのご当地グルメです。

枕崎が誇るオンリーワンな食材を組み合わせたもの、それが「枕崎鰹船人めし」なのです。ご当地グルメは、時にその安さや手軽さからB級グルメとも言われることもありますが、「枕崎鰹船人めし」はA級の食材を使っているご当地グルメなのです。

鹿児島では、商店街グルメを競う「S-1グルメグランプリ（2012年度からShow-1グルメグランプリへと名称変更）」という大会があります。2011年度のS-1グルメグランプリに「枕崎鰹船人めし」は初出場し、鹿児島県内から参加した11のご当地グルメのなかから、グランプリを獲得しました。同時に、特別賞も受賞するという快挙を果たしました。

3　ぶれずに進化

2011年度のS-1グルメグランプリを獲得した「枕崎鰹船人めし」でしたが、さらなる進化を遂げることになりました。それが「枕崎鰹船人めしSP（スペシャル）」です。

すでに紹介した「枕崎鰹船人めし」では、本枯節でダシをとっていました

図3　S-1グルメグランプリで初のグランプリ獲得

（提供：枕崎市通り会連合会）

が、「船人めしSP」では、本枯節に荒節をブレンドすることでコクをだしました。そして３つの条件に加えて、以下の２つの条件を加えました。

(1) 枕崎特選銘茶で炊いたご飯（茶飯と言います）を使用します。枕崎は、実はお茶の産地でもあります。枕崎で育てたお茶で炊いた茶飯を、白ご飯の代わりに丼に盛り、その上にトッピングをのせます。緑茶の美しい色合いが組み合わされました。

(2) トッピングにかつおせんべいをのせます。枕崎では、いくつかの種類のかつおせんべいが販売されています。このかつおせんべいをトッピングに使用することにより、見た目も、そして食感も豊かになりました。

そして食べ方についても、新しい提案を行いました。まず、①ダシだけを飲んでいただいて、②つぎに丼をそのまま食べていただき、③最後にダシを丼にかけてお茶漬け風に食べていただきます。一度で、３度おいしい食べ方です。枕崎をアピールするゆるキャラの「ブエンマン」が、「枕崎鰹船人めしSP」の食べ方をアピールする説明書も作成しました。

こうしてぶれずに進化した「枕崎鰹船人めしSP」をひっさげて、2012年

図4　「枕崎鰹船人めしSP」（提供：枕崎市通り会連合会）

度の「Show-1グルメグランプリ」に再度参戦しました。その結果、２年連続でグランプリを受賞することができました。２年連続でグランプリを獲得すると、そのご当地グルメは殿堂入りという地位を得ることができます。「枕崎鰹船人めし」は初の殿堂入りを果たしました。

グルメグランプリ参加以外にも、地道な活動も行なっています。「ご当地グルメは地元に根付いてこそ真のご当地グルメ」です。地元での広報活動にも力を入れて、地域の方々に「船人めし」を振る舞う機会を設けました。また、学校給食にも「船人めし」を取り入れてもらいました。子どもたちには大人気だったようです。市民に愛されてこそのご当地グルメですね。

この他にも「枕崎鰹船人めし」のパンフレット作成、テレビCMの作成、キャラクターシールの作成なども行いました。テレビCMはKKBという鹿児島のテレビ局が行った「ふるさとCM大賞」で準グランプリを獲得しました。

図5 「枕崎鰹船人めしSP」の食し方（提供：枕崎市通り会連合会）

また11月24日を、その語呂から「いいふしの日」と決めて、「船人めし」作り体験ツアーなども行いました。この体験ツアーには、地元の鹿児島県立短期大学で学ぶ中国人留学生も参加して盛況でした。また、大相撲立行司の36代木村庄之助氏は枕崎出身です。木村庄之助氏の筆による「船人めしPR法被」も作成して、PRにも熱が入ることになりました。アイデアが次から次へと出され、そして実行されていきました。

２年連続グランプリを獲得できた背景には、こうしたPR活動の成果もあったと思います。

4　商標登録

鹿児島の商店街グルメNo.1決定戦「Show-1グルメグランプリ（もとのS-1グランプリ。2012年に名称変更）」で２連覇を達成した「枕崎鰹船人めし」および「船人めし」の、商標登録を行いました。

図6　「枕崎鰹船人めし」のキャラクターシール
（提供：枕崎愛を育てる会）

ご当地グルメに、商標登録までするなんてと思われるかも知れませんが、すでにご紹介したように、「枕崎鰹船人めし」も「枕崎鰹船人めしSP」も枕崎のオンリーワンなＡ級の食材を使用しているご当地グルメです。多くのお客さんに足を運んでもらって、そして満足してもらえるためには、「船人めし」本来の品質の良さを維持する必要があります。商標登録したことにより、模造品が出て「船人めし」の評判が落ちるといったことがなくなりましたので、県外からのお客様にも足を運んでもらって安心して食べてもらえます。今後も、しっかりとブランドを守っていきます。

表１　「枕崎鰹船人めし」「出汁愛そば」「枕崎鰹大トロ丼」提供店（2015年２月現在）

店舗名	TEL	枕崎鰹船人めし提供店	出汁愛そば提供店	枕崎鰹大トロ丼提供店
魚処　なにわ	0993-72-0481	○	○	○
味処　一福	0993-72-3347	○	○	○
呑喰厨房　ふくろう	0993-72-2812	○	―	○
すし匠　五条	0993-72-8089	○	○	○
だいとく	0993-72-0357	○	○	○
喜久家食堂	0993-72-0377	○	―	―
魚処　まんぼう	0993-72-0114	○	○	―
枕崎お魚センター展望レストラン「ぶえん」	0993-73-2311	○	○	○
花渡川ビアハウス	0993-72-4741	○	―	―
ABC. American Bar Canon	0993-72-9151	―	―	○

イベントの時などには、「枕崎鰹船人めし」を販売しますが、普段は表１の９店舗でしか「枕崎鰹船人めし」を食べることができません。ぜひ、皆様も枕崎におこしください。各店舗では、「枕崎鰹船人めし」の共通ルールを守ったうえで、それぞれのお店ごとに一工夫した独自の味付けをしています。それぞれのお店ごとの味の違いを見てみるのもおもしろいと思います。「枕崎鰹船人めし」を食べることだけを目的に枕崎に足を運んでくださる県外客も珍しくなくなってきました。ありがたいことです。

「枕崎鰹船人めし」を食べられるお店は2015（平成27）年２月現在で表１の９店舗です。また、後段で紹介する「縁結び出汁愛そば」を提供しているのは６店舗、「枕崎鰹大トロ丼」を提供しているのは７店舗です。お越しの際には、枕崎駅前観光案内所（0993-78-3500）にお問合せください。

5　はじまりは表具屋さんから

さてこれまで、「枕崎鰹船人めし」で地域おこしを行ってきた主体については説明してきませんでした。この地域おこしプロジェクトを実施しているのは、2010（平成22）年11月に結成された「枕崎市通り会連合会」という比較的新しい団体です。

「通り会」とは、各通りで作っている団体です。枕崎の場合、通り会の役目は、各通りに設置されている街灯を管理することでした。独自にイベントを企画していた通り会もありますが、メインの活動は街灯管理でした。それが、2010（平成22）年に11の通り会が参加して、「枕崎市通り会連合会」が結成されました。一通り会、一年間5,000円の会費で、連合会の総予算は5万5千円でスタートしました。

この通り会連合会の初代会長に選出されたのが、加藤隆一氏でした。加藤氏の本職は襖や内装工事を手がける表具屋さんです。加藤氏は、町おこしを行っていく上で、いくつかの重要な方針を決定しました。

第一に、既存の団体を頼らずに自分たちで行動を起こすことです。既存の団体の場合、代表や役員は1年で交替し、人が変わると運営方針もガラッと変わるために事業が長続きしません。そのために、長期的な視点にたって継続的な活動を行える体制作りを目指しました。

第二に、地元で活動する企業や組合、そしてさまざまな団体や市民の視点を、枕崎という地域に向けさせることです。市場規模を考えた場合、生産物の販売は県外の大都市圏で行なう方が有利です。しかし市場を県外に求めていると、地元製品の良さを地元の人が知らないということがおきてしまいます。また、地域に魅力が感じられず、長期的にみれば人口減少などが進んでいきます。迂遠なようですが、地元の良さを見直して、地元の人間がその魅力を発信していくことが、かえって全国に枕崎の産物の良さを知らせることになると考えました。

第三に、食で地域おこしをするということです。町おこしの方法は、ご当地グルメ以外にもいろいろあります。町歩きや、芸術、就農体験や漁業体験などを含めた観光などがあり、現在、各地で盛んに行われています。しかし加藤氏は、枕崎の特性を活かすためには、食による地域おこしが一番良いと判断しました。自身の表具屋さんという職業を考えた場合、食による地域おこしでは、自身の儲けになることはありません。どちらかと言えば、芸術を中心にした町おこしの方が、表具屋さんの利益になったかもしれません。しかし、それでも敢えて食を選択したことが、結果的には爆発的なヒットを呼ぶことになりました。表具屋さんを職業にする人物が、食を中心とする地域おこしの音頭をとったために、古いしがらみや、利害関係にとらわれて、身動きが取れなくなるということがありませんでした。

第四に、地域の団体や個人の間にネットワークを築いたことです。長年加藤氏は、地域の商工会議所や青年会議所などで活躍してきた人物です。今回、加藤氏はネットワークをフル活用しました。そして何より、「表具屋さんがご当地グルメを開発する」、「ご当地グルメで地域おこしする」という夢が、多くの人の興味をそそったようです。本物の「船人めし」がどのようなものか知りたい人、ダシを極めたい人が集まってきました。それから枕崎では、「枕崎名物料理はまらん会」という団体が「かつおラーメン」を開発していました。こうした人々が協力することになったのです。現在では、通り会、枕崎商工会議所、枕崎市漁業協同組合、枕崎水産加工業協同組合、JA南さつま、南薩地域地場産業振興センター、民間企業、タレント、枕崎市役所のメンバー15人からなる「チーム船人」というグループが立ち上がっています。こうした地域横断的なネットワークはこれまで作られることは稀でした。

そしてS-1グルメグランプリに出場するために、ご当地グルメの商品開発がはじまりました。この商品開発では、「枕崎鰹船人めし」というネーミングが先に決まっていましたので、このネーミングに合う料理を開発するという手順が取られました。

2011（平成23）年7月からメニュー開発会議が開始されました。10日ごとに企画会議が開かれ、地元の飲食店が中心になって試行錯誤が繰り返され、ダシのうま味を活かしたメニューが完成しました。10月には「G-1グランプリ」というイベントでデビューを果たしました。デビュー戦での売り子は15名で、178食を販売しました。

いよいよ本番のS-1グルメグランプリです。グルメグランプリは、各地で

図7　市民総ぐるみで2連覇達成（提供：枕崎市通り会連合会）

行われる地方大会と、鹿児島市内で行われる本大会に分かれます。

地方大会を戦っている頃から、枕崎のさまざまな団体が組織的に人手を割いてくれるようになってきました。大鍋などの調理機材提供の連絡も入るようになってきました。「ご当地グルメで地域おこし」という夢に、枕崎の人々が動き始めたと実感できるようになってきました。

いよいよ本大会です。2011年度のS-1グルメグランプリ本大会は、2月18日、19日間の2日間行われました。来場者は約4万人で、「枕崎鰹船人めし」は3,024食を売りました。そして結果は、見事グランプリ獲得でした。

3,000食以上を売るためには、多くの人手が必要になります。二日間にわたる本大会では、10を越える団体からの応援、そしてボランティアで参加した市民等、のべ170名の参加がありました。枕崎から鹿児島までの大型バスも手配されました。表具屋さんからはじまったご当地グルメは、1年後には地域の人々を引きつけるご当地グルメに成長したのでした。

もう一つ、こだわったことがあります。「船人めし」を提供するスピードです。大勢のお客さんが集まるイベントでは、調理スピードをあげて回転率をあげることが重要になってきます。ご当地グルメのいくつかの店舗では提供するまでに時間がかかり、その結果行列ができてしまいます。短期決戦の場合、行列はマイナスになります。「船人めし」では、調理スピードにこだわりました。「船人めしはお待たせしません」を合い言葉に、お客さんを次から次へと呼び込みましたが、行列はほとんどできませんでした。こうした点もグランプリ獲得には重要な要素でした。

その後、枕崎市内外で行われるイベントにも参加し、「船人めし」の知名度はあがっていきました。そして、2012年度のShow-1グルメグランプリでは、２日間で3,846食を売り上げ、２連覇を達成しました。このころになると、「船人めし」を食べるためだけに、県外から枕崎市を訪問する観光客も増えるようになりました。マスコミの取材なども多数受けました。５万５千円の予算ではじまった通り会連合会の予算は、2014年度には１千万円を越えるまでになりました。

予算規模が１千万円を越えても、変わらないものがあります。それは、加藤氏のリーダーシップです。加藤氏は、「枕崎鰹船人めし」が誕生して以来、どこで行われる大会であってもご夫婦揃ってボランティアで参加し、皆勤賞です。呼び込みで声を出しすぎて、喉がかれるのはいつものことです。年間予算５万５千円ではじまった団体ですので、イベントへ出かける旅費や宿泊費も自腹を切っていることは言うまでもありません。そして予算規模が１千万を越えても、「船人めし」販売のために加藤夫妻は自腹で参加されています。

「枕崎鰹船人めし」の知名度があがればあがるほど、お呼びがかかればかかるほど、自分の商売は儲からないどころか、負担ばかりが増えていっているようです。「枕崎鰹船人めし」成功の背景には、自分のことより地域のことを大切にする会長がいたこと、これが大きかったです。自分の利益を考えるよりも、地域に大きな夢を与えられることが、地域おこしには必要だと思いました。

図8　調印式での3市長。左から神園征枕崎市長、長岡秀人出雲市長、工藤広稚内市長（提供：出雲市役所）

6　最南端と最北端をつなぐプロジェクト

枕崎で生まれた「枕崎鰹船人めし」は、次第に枕崎という地域の枠を越え始めました。日本の北と南をつなぎ、枕崎以外の地域を巻き込むプロジェクトが始動しています。

枕崎市と北海道稚内市は、JR最南端と最北端の始発・終着駅があるご縁で、2012（平成24）年4月に友好都市の提携をしました。南と北の両市の特産品は、カツオ節と昆布で、日本食に不可欠なダシでもつながりを持っています。地理的なつながり、そしてダシのつながりを活かして、両市は友好都市から夫婦都市へとその関係を深めることになりました。

2014（平成26）年2月に、枕崎のカツオ節を新郎に、稚内の昆布を新婦に見立て、出雲大社で結婚式をあげたのです。その後、出雲市役所に場所を移し、出雲市の長岡秀人市長「媒酌」のもと、枕崎市の神園征市長と稚内市の工藤広市長が、「コンカツ結婚調印式」を行い、3市がそれぞれ協力して、地域の活性化を実行していくことが決まりました。

図9　「縁結び出汁愛そば」の発表会(提供:コンカツプロジェクト協議会)

枕崎では、いち早く「コンカツ(昆鰹)プロジェクト」が立ち上がっていました。昆布とカツオの良いところを取り入れるということから、「昆鰹=コンカツ」と名付けられました。このプロジェクトはいくつかの方向に進んでいますが、そのなかでも注目していただきたいのが新しいご当地グルメの開発です。

第一弾として開発されたのが、「縁結び出汁愛そば」です。枕崎のカツオ節、利尻昆布、出雲そばを融合した料理です。枕崎市内の6つの飲食店がそれぞれに開発したソバを2014年7月7日にお披露目して、7月8日から各店舗で販売を開始しました(表1参照)。

そしてご当地グルメ第二弾として開発されたのが、「枕崎鰹大トロ丼」です。あまり知られていませんが、カツオにもマグロで言う大トロの部分があり、これを腹皮とよびます。本書の第3章でも紹介しましたように、腹皮にはDHAやEPAが豊富に含まれています。このカツオの大トロの部分を竜田揚げにして、その上に、枕崎のカツオ節と稚内の利尻昆布を贅沢に使ったとろみダシをかけます。竜田揚げの香ばしさ、カツオ節と昆布のダシの香りが

図10　「枕崎鰹大トロ丼」（提供：枕崎市通り会連合会）

渾然一体となった料理、それが「枕崎鰹大トロ丼」です。この新ご当地グルメをひっさげて、2014年度Show-1グルメグランプリに参戦しました。本大会は2015年2月7、8日に行われ、結果はグランプリを獲得することができました。「枕崎鰹船人めし」に続いて、3度目のグランプリです。この「枕崎鰹大トロ丼」も枕崎市内の7店舗で販売しています（表1参照）。

「コンカツプロジェクト」から分かるのは、地域を越えて、他地域と結びつくことによって、新たな強みを作っていくということです。地域おこしでは、「ないものねだりから、あるもの探し」ということが言われます。あるものを探して、何か欠けているものがあれば、外から持ってきても良いのではないでしょうか。

「あるものは組み合わせ、ないものは持ってくる」という考え方は、他の地域でも、カツオ以外の特産品でも適用可能です。ここで紹介した事例が、皆さんの地域でも参考になれば幸いです。

第6章
風土　詩歌　カツオ

楊 虹

1　海の男たちの歌

汐替節

『鹿児島民謡ベスト20』（CD）より

ハァー　汐も替えるまえー　夜も明けるまえー
　家じゃ妻子も　おきるまえー
　ハァー　替えちょれ　替えちょれ
ハァー　雑魚がもの言うたー　たいの中雑魚がー
　汐さえ替えれば　死なんと言うたー
　ハァー　替えちょれ　替えちょれ
ハァー　色は黒いがー　つりざおもてばー
　沖じゃ鰹の　色男ー
　ハァー　替えちょれ　替えちょれ

妻と子どもが寝息を立て熟睡している静かな夜明け前。樽の中の雑魚（小魚、ここではカツオのエサであるきびなごを指す）の様子を気にしてこっそり起き上がる男。カツオを釣り、樽の中の汐水を替える。家族のため一生懸命働く男漁師の日々が生き生きと描かれるこの歌は、江戸末期、明治、大正時代に枕崎、坊津あたりでうたわれていた汐替節です。汐替節とは海の男たちがうたう仕事歌です。

今では、この汐替節はカツオ漁が盛んな枕崎でも、60代以下の人にはほとんどその存在すら知られていません。カツオ漁にまつわる労働環境は大きく変わり、労働歌である汐替節がうたわれなくなって久しいからでしょう。では、江戸、明治、大正時代までのカツオ漁はいったいどのようなものだったのでしょうか。

2　カツオ漁のお作法

枕崎にカツオ節の製法が伝来したのは宝永年間（1704～1710年）と言われていて、枕崎には帆船時代からの長いカツオ漁の伝統があります。帆船時代のカツオ漁のエサはきびなごを使っていました。カツオを釣るためには活きたエサを使わなければなりません。しかし、きびなごは新鮮な海水（汐）にしか生きられないため、捕獲して何もしなければ時間がたつと死んでしまいます。そこで、きびなごを死なせない工夫として漁師たちが行ったのが「汐替え」なのです。すなわち、きびなごを入れる樽の中の海水を常に新鮮なものに替えるという作業です。

汐替えは、きびなごがカツオ船に備え付けのエサ樽に移されたそのときから始まります。エサ樽内の海水が常に新鮮であるように、ひしゃくで樽の中の海水を汲み出しては新鮮な海水を汲み入れ、樽内で汐の渦を作るのです。そして、この作業は帆船の出港まで、絶えず港内で続けられていたのです。風向きなどで船が出漁できなければ、港で停泊している間じゅう、汐を替える作業を続けなければならず、船が出港できたら今度は沖でも、釣りに使われるまで汐を替え続けなければなりません。汐替えは、一時も休めず、昼夜問わずの重労働なのです。

『枕崎市誌』によれば、当時、この汐替えの作業は二才衆と呼ばれる若い漁師たちにあてがわれ、夜間は、宵の口、夜中、夜明けの三組に分かれ、輪番制で汐替えをしていました。

そして時代が進み、明治末期以降になると、カツオ船の機械化が進み、大正時代には機械で酸素を絶えず送り込むことのできる活魚槽が船内に装備され、エサもきびなごからかたくちいわしに変わりました。それによって、苦しい汐替え作業は必要なくなりました。しかし、個人が所有する小さな漁船の場合、つらい汐替えの作業はその後も長い間続いていたと言われています。

3　つらさも教訓も歌にして

このきつい汐替えの作業を少しでも耐えられるものにするためにうたわれたのが、冒頭の汐替節でした。歌の由来はすでに誰にもわからなくなっていますが、カツオ漁の労働歌としてうたわれ始めたのは幕末あたりと言い伝えられています。昭和11年発行の『坊泊水産誌』では次のように記録しています。

> 明治十九年黒島沖合ニ新曽根発見サレ枕崎船数艘ノ遭難船アリテカラ新作ノ潮換節枕崎ヨリ流行シタ文句鄙俗ニ失スルモ能ク当時ノ従漁状態ト帆船時代遭難ノ惨状トヲ物語ルモノアルヲ以テ玆ニ記載スル

明治19（1886）年、黒島沖に新しい漁場が発見され、カツオ漁が行われていましたが、枕崎の漁船数隻が遭難事故にあいました。それらの遭難事件の惨状を歌詞にした汐替節の替え歌が作られ、その歌が枕崎からはやりだしたとのことです。

労働歌は作業の進行に対する一種の拍子歌としてうたわれているもので、大衆歌としての性格から替え歌が多いと言われています（日本大百科辞典)。幕末から大正頃までのカツオ漁に汐替えの作業が不可欠だとすれば、汐替節が労働歌としてうたわれていた期間も長く、その間にほかにもたくさんの替え歌が作られていたはずです。実際に、『坊泊水産誌』のほか、『枕崎市史／枕崎市誌』や民謡研究家久保けんお氏が編集した『南日本民謡曲集』などでいくつかの異なるバージョンを確認することができます。これらに収録されている歌をみると、採取された時代や地域によってうたわれる内容が異なります。しかし、残念ながらそれぞれの歌が具体的にいつの時代に作られ、いつからいつまでうたわれていたかは、今となってはほとんどわからなくなっています。それでも、これらの歌は当時の漁師たちの生活や日々の喜怒哀楽を窺い知る格好の素材に違いないでしょう。

汐替節

『坊泊水産誌』より

一番鶏に起こされて　二番鶏にお茶を飲む
　三番鶏に浜に揃ひ
四番鶏には立神に　夜のほのほの明けに
　伝馬引き寄せ網を張る
一網張取りては樽に入れ　二網張取りては樽に入れ
　三網張四網張で取仕舞て
良い雑魚取ったと喜んで　艫の二才は矢帆を捲き
　艫の年寄は本帆捲く
その日は黒島で飯をはかり　夜のほの明けに新曽根に
　上方を見ても鳥巻が　下方を見ても鳥巻が
下方の鳥巻やりこんで　可愛い餌投き餌撒す
　後よりパンパン蹴って来る

この歌から、カツオ漁に従事する漁師の一日が手に取るようにわかります。漁師の生活はつらく厳しいものですが、大漁したときに味わう喜びはひとしおでしょう。一番鶏が鳴く時間は夜明け前の1時ごろとされます。冒頭からの三連はカツオのエサであるきびなご漁の様子をうたっています。夜明け前に起き、お茶を一服して、浜に揃って出漁します。四番鶏が鳴く4時には夜も少し明けるようになります。立神は、当時幕府公認の枕崎のきびなご漁場です。きびなごは網を張って獲ります。獲れたきびなごは樽に入れて、次のカツオ漁のエサとします。その日はよいエサが獲れて漁師たちが喜んでいます。その喜びの様子が帆船の帆を上げることで表現されています。舳は船首で、艫（とも）は船尾のことです。矢帆（やほ）は舳に張る小さな補助帆で、本帆は中央に張る大きな帆です。帆を捲くとは帆を上げる準備のことです。若い漁師は船首で、ベテラン漁師は船尾の中央でというようにそれぞれの持ち場できびきびと働いている様子が描かれています。帆船は黒島で食事をとり、またカツオの新漁場（新曽根）に移動し、続けてカツオ漁をします。鳥巻とはカツオ鳥の群れのことです。カツオ鳥がカツオの群れのありかを知らせてくれると漁師たちは知っています。カツオ鳥の大群がいれば、そこにはきっとカツオの群れがいます。歌の後半では、上手にも下手にもカツオ鳥が見え、洋上にカツオの大群がポンポンと踊るさまがまるで映画のワンシーンのように目に浮かび、カツオ漁の醍醐味が手に取るように描かれています。

また、歌からカツオ漁にまつわる地名や漁師の仕事の分担の様子もわかります。たとえば、立神や黒島といった地名、曽根（漁場のこと）、伝馬（貨物の輸送船のこと）といった漁にまつわる名称、可愛い餌投き（可愛い＝若い者・少年）、矢帆を捲く二才（青年）、本帆を捲く年寄とさまざまな人物が描かれています。

汐替節は、漁師の日常生活そのものを描写しているだけでなく、明治大正時代のカツオ船がどのあたりの海域で漁をしていたか、当時の漁場の地理や歴史も教えてくれます。次に、久保けんお氏が坊津で採取した汐替節を紹介しましょう。この歌には漁にまつわる地名がたくさん出ています。

汐替えくずし

『南日本民謡曲集』より

船が三ぞう出て何れが何れとん知れん　中の新造船　様の船

船のやぐらに小松をうえて　小松あらしで船やらそ
鰹つらんつて歎くな船頭さん　釣っ時きた時つろじゃないか
一じゃドンコ曽根　二じゃ臥蛇新曽根　三じゃ女瀬蛸あいの曽根
ドンコ曽根には一かけ二かけ　めくら曽根には命がけ
瀬戸を通ろうか松原通ろか　二つ通りなら瀬戸を通ろ
花の野瀬島たからの島よ　金の黄金を棹でつる
雑魚は塩のむ青年ん衆は唄う　柄長の釣籠は踊りする
鰹つれつれ一万五千　金のたまるは藤の花
みさき鼻から釣棹もてば　足もだれたよ　手もだれた
あわれと思えば泣かぬ日もない　袖をしぼらぬ晩がない
船は見えたが馴染は見えぬ　見えぬ筈だよ矢帆のかげ
人の馴染は健気で帰る　わしの馴染は曽根まぎる

この歌には、ドンコ曽根、臥蛇新曽根、女瀬蛸あいの曽根、めくら曽根、瀬戸、野瀬島などの地名がずらりと登場しています。これらは現在のトカラ列島あたりの海域と推測されます。このうち、ドンコ曽根とめくら曽根は、海上保安庁2007年発行の『国際海図長崎至厦門』では、「蟇曽根」「盲曽根」という名称で掲載されており、今日でも確認できます。ドンコ曽根とは、その漁場から臥蛇島の形がカエル（現地ではドンコという）に見えるからつけられた名前で、めくら曽根は、そこから島の影が見えないことから由来した名前です。現在のトカラ列島には、臥蛇島や小臥蛇、諏訪之瀬島、宝島などの島がありますが、歌に出てくる島がそれぞれ現在のどの島のことを言っているかは、残念ながらはっきり断言できません。ただし、この歌からもカツオ漁はトカラ列島一帯を中心に広範囲に行われていたことが推測できるでしょう。

また、海の男たちの歌には、カツオ漁のしかたや海の男の気持ちだけでなく、その家族たち、とりわけ女性の視点や気持ちも描かれています。この「汐替えくずし」の後半では、男の気持ちから女の気持ちへの視点の切り替えが見られます。まず「鰹つれつれ一万五千　金のたまるは藤の花」に注目しましょう。ここでは、一家の大黒柱として懸命に働いて家族を支えるという男の誇りや気負いをうたい、「みさき鼻から釣棹もてば　足もだれたよ手もだれた」では、洋上生活の厳しさとつらさといった男の心情をうたっていますが、次の「船は見えたが馴染は見えぬ　見えぬ筈だよ　矢帆のかげ」以降では、陸で待ちわびる家族や恋人の気持ちをうたっています。その前の「あわれと思えば泣かぬ日もない、袖をしぼらぬ晩がない」は実に巧みに男の心情から女の気持ちへの橋渡しをし、男目線から女目線への転換がスムーズに行われます。海の男の奮闘ぶり、港で待つ女の一途な愛情をうたう汐替節は、当時どれだけ南薩の人々をほろりとさせていたことでしょう。

『枕崎市誌』によれば、枕崎のカツオ漁は、江戸中期にはじまり、300年あまりにわたって栄えた歴史を持っています。当然カツオ漁にまつわる民謡も数多くあります。今では知っている人も少なくなりましたが、昔、初航海の出港前の宴会や、5月の節句やその他祝い事があるたびに芸者の囃子を入れながらうたっていたといわれる「ラッパ節」があります。下のラッパ節は枕崎在住のちゃんサネこと實吉国盛氏が元船長から教わったもので、カツオ船乗りの気持ちを色っぽく物語風にうたったものです。

ラッパ節

行げよ行げよと誘われっ　行げばカヅオ船の餌配い
　仕事慣れずに人慣れず　空星眺めて泣くばっかい
朝起ぎい大空を見上ぐれば　こまんちろ小鳥が夫婦連れ
　鳥さえ夫婦の世ん中に　あわれオイどま只ひとい
今どんのコンパ二才生意っな　道を歩んも巻き煙草
　真から吸うのか知たんどん　吸うて吐き出す色けむい
沖にちらちら鰹船　あれは確かに　枕崎丸
　まぐらざっ丸にや用はねどん　乗っとい兄さんに用っがある
十四、五、六はまだ蕾　十七、八、九は花盛い

花と呼ばれんあぜささぬ　させば実が成い恥ずかしや
惚れてくいやんなまだ蕾　やがて色気がついた頃
誰ぃにじゃい咲がせんそん先に咲いてあげましょ初花を
船乗り家業は辛いもの　波を枕に板の上
雨風時化にや起ごされっ　明かす一夜ん身の辛さ
船は出て行っ枕崎　長らっお世話にないもした
たとい幾年会わんちでん　噂ぐらいはしてくいやい

この歌を通して、あるカツオ船乗りの人生が浮き彫りになります。お話は10代半ばごろの少年がカツオ船の船乗りに誘われて船乗りになったところから始まります。中学校を卒業してすぐ船に乗り、また最初の３年はエサ配りと汐替えのような下働きばかりで、「仕事慣れずに人慣れず　空星眺めて泣く」だけの生活でした。そして、第四連の「沖にちらちら鰹船　あれは確かに　枕崎丸」からは、語り口が船乗りから女性に変わります。それは港で船を出迎える若い女の子でしょうか。好きな人が乗っている船が帰ってくると聞き、今か今かと首を長くしている様子がなんともほほえましく目に浮かびます。続いての二連は、まるで男女の掛け合いのように若い男女の恋の機微が描かれています。そして、うたの最後は、また海に戻った船乗りの心の声で結ばれます。辛い仕事に耐える毎日ですが、その心の片隅にはきっと陸の女の人がいて、その存在が男の人の支えになっているのでしょう。しかし、男はそんな女の存在のありがたさを口にすることはなく、「たとえ何年も会わなくても、俺のことを忘れないでたまに噂ぐらいはしてくれよ」と強がりを言うことしかできません。

ところで、昔も今も同じことですが、黒潮はカツオをはじめとした海の恵みを運んでくれるだけではなく、台風や嵐もつれてきます。雨風や少々の時化は涙と根性で辛抱できても、激しい台風は、漁師たちの命すら奪ってしまいます。カツオ漁にとって風向はたいへん重要な要素で、汐替節の歌詞にも「東新曽根も西新曽根も　風が南風なら廻られぬ」との一節があり、黒潮が北上してもたらした南からの台風が船にとっては危険を伴うことをうたっています。『坊泊水産誌』には、カツオ船の海難事故が汐替節にされてうたわれていたとの記述があります。ここに、『坊泊水産誌』に掲載されている、カツオ船遭難の様子を痛々しくうたった汐替節の替え歌を記します。

汐替節

『坊泊水産誌』より

三ひろ五寸の竿取て　少い子供は餌配る
　良き魚釣ったと喜んで
風は何かと尋ぬれば　風は北東風そよそよと
　東へ走れば西にやる
風はだんだん吹いてくる　風についたる波もある
　波についたる風もある
助けたもれよ風の神　助けたもれよ波の神
　もはや流れにゃ仕方ない
胴木きびれ柱は中から折れてくる　三十二人の船方は
　鉢巻手に取り思案顔
艫の年寄念仏を　帰らぬこの身は厭わなど
　これまで育てた親も居る
それについたる妻や子は　どうして月日を送るやら

この歌の冒頭では魚がたくさん釣れた喜びをうたっています。しかし、風向きがだんだん怪しくなり、風も波もだんだん激しくなり、嵐の到来という不穏な流れが暗示され、船が遭難直前となる様子へとつながります。「助けたもれよ風の神　助けたもれよ波の神　もはや流れにゃ仕方ない」では、船乗りたちの祈るしかない絶望的な気持ちがうたわれます。船はとうとう難破し、船乗りたちは家族への思いを抱きつつ、生死の間をさまよいます。装備が貧弱な漁船に乗っていた明治時代の漁師たちにとって、海難事故はいつ遭ってもおかしくないものでした。この歌は、大漁の直後に台風に遭遇し、喜びから一転して悲しみと絶望の深淵へと突き落とされた漁師の心情と漁生活の過酷さや悲哀をうたったものです。ただし、もしもこの替え歌の作り手がのちに起こったあの凄惨な海難事件―「黒島流れ」を予知できていたのなら、おそらく言葉を無くし、声を失いうたうことすらできなくなっていたのかもしれません。

4　男の戦い、女の試練

『枕崎市誌』によれば、明治大正時代には、漁船の遭難事件は相次いで起こっていました。そのうち最も大きな海難事件は、1895（明治28）年に起こった「黒島流れ」でした。この年の７月24日（旧暦６月３日、「六月流れ」ともいう）、黒島付近を通過した台風のため、黒島沖で数多くのカツオ漁船が遭難したのです。枕崎での被害は、漁船の沈没が23隻、溺死者が411名であり、坊泊でも漁船の沈没が11隻、死者は165名でした。記録では、川辺郡内を通じ合わせて713名の死者を出した史上最大の海難事故となりました。この黒島流れは、枕崎の漁業に壊滅的な打撃を与えました。当時枕崎にあった60隻のカツオ船の半数近くが遭難し、被害が最もひどかった田畑、塩屋の両集落では99名の遭難者が出て、「その惨状は名状しがたいものがあった」と伝えられています。現在、枕崎の立神墓地には、黒島流れの犠牲者をしのぶため、その99人を祀る「九十九人溺死の碑」が建立されています（図１）。

悲惨な海難事故によって、一家の大黒柱を失った家族の生活は危機に陥りました。歌詞の最後の「妻や子はどうして月日を送るやら」は、まさに遭難者の遺族たちの路頭に迷いかねない生活への危惧をうたっています。

枕崎、坊泊に対して、当時、明治天皇が侍従を被災状況の視察に派遣し、見舞い金を出しました。また、鹿児島新聞の呼びかけに応じ、各地から義捐金も集まりました。しかし、それでも遺族たちの生活は大変厳しいものでし

図1　黒島流れの犠牲者墓地　（撮影：福田忠弘）

た。そこで、あるお寺の住職が、カツオ漁を営む土地ならではの再生の道を提案したのです。それは、女性たちが行商に出て、カツオ節をばら売りするというものでした。この行商を提唱したのは、大願寺の住職であった兼広師だと言われています。当時カツオ節の製造はカツオ船の親方にしかできませんでした。そのため、親方、兼広師そして遺族たちの三者が集まり、カツオ節のばら売り行商の方法について相談しました。カツオ船の親方には、卸価格でカツオ節を売ってもらい、兼広師は、お寺という組織のネットワークを活用して販路を確保し、拡大しました。兼広師は県内各地の寺の住職に呼びかけ、信者たちに黒島流れの惨状と遺族たちの困窮した境遇を伝え、カツオ節購入への協力を求めたそうです。こうして、鹿児島県の隅々まで、「カツオ節は、いいやはんかなあ」という枕崎の独得の売り声が響き渡るようになり、枕崎のカツオ節は鹿児島のいたるところに広がっていきました。このように、カツオ売り行商を支援する多くの人々と、それに懸命に応え汗と足でカツオ節を売り歩く女性たちの努力によって、枕崎の海難事故の遭難者の遺族たちは、黒島流れという未曽有の海難事故を乗り越え、生計をたてなおすことに成功したわけです。このカツオ節ばら売り行商は、戦争でいったん減

図2　かつお節行商の像　（撮影：山下三香子）

りましたが、戦後再び盛んになり、昭和の終わりころまで続いていました。今でも「カツオ節はいいやはんかなあ」という売り声は、60代以上の鹿児島県人にとっては馴染み深く、懐かしいものとなっているとのことです。この遭難の歴史と女性たちの努力をしのぶため、現在枕崎駅の前にはカツオ節ばら売り行商の像が立てられています（図2）。

黒島流れは南薩最大の海難事故として人々の記憶に深く刻まれていますが、実は明治時代には、黒島と枕崎をわたる海でもう一つの海難事故がありました。それはある悲しい民謡とともに黒島に広く伝わっています。

黒島は、カツオ漁業を通じて、枕崎と密接な関係にあります。黒島近辺の海域にきびなごが多かったため、きびなご漁をしたり、また獲れたカツオを黒島でカツオ節に加工したりしていました。黒島の漁師は、枕崎にカツオ釣りに行った時、お金を払わずに食事をして泊まることもできたと言われています。しかし、離島である黒島で生きることはたいへん厳しいことでもあったのです。黒島は地理的に台風の被害を受けやすいところにあります。また、離島ゆえの交通の不便さは言うまでもありません。1959（昭和34）年朝日新聞に連載されていた有吉佐和子の小説『私は忘れない』を読んだことがある方、またはそれをもとに作られた同名の映画を見たことがある方なら、連絡船が入港できないために急病の患者を本土の病院に連れて行けない辛さや、台風とのすさまじい戦いの描写などが印象に残ったのではないでしょうか。

黒島での海難事故は1907（明治40）年頃起きました。黒島の大里という村に住む親子三人が枕崎のカツオ漁船に便乗して枕崎に向かいます。4歳の息子を枕崎の病院に連れて行くためでした。しかし船は途中時化に遭い、浜で難破してしまいました。この海難事故で唯一なくなったのは、その4歳の子の母親おえだでした。子供に首を抱きつかれた父親は妻を助けようと必死の努力をします。しかし、とうとう助けることはできませんでした。おえだ24歳でした。

『枕崎市誌』にはこの遭難事故の模様が詳細に記されています。黒島から帰る際におえだ一家と同じ船に乗っていた枕崎の住民が日記に詳細な記録を残していたため、今日でもこの海難事故の様子を知ることができます。ただし、のちに里人が帰らぬ人となったおえだの哀れさをうたった「おえだ節」からは、また違う視点から海の怖さとはかなさを感じとることができるでしょう。歌の中にでてくる「鹿篭」とは、現在の枕崎のことです。亡くなったおえだの遺体は枕崎に埋葬され、家族の住む黒島には戻ることができませんでした。おえだの悲しい一生は、おえだ節とともに里人に語り継がれてきました。

おえだ節

『枕崎市誌』より

ああ、一つとせ、ひとつ哀れな事がある

黒島おえだという人が、その哀れさよ
ああ、二つとせ、二人の親達ちゃ知らねども
おえだが体は鹿篭の浜、その哀れさよ
ああ、三つとせ、皆々さんから目に見られ
今じゃ　おかみの手にかかる　その哀れさよ
ああ、四つとせ、よくよく検査を受けられて
今は、おかみの門通る　その哀れさよ
ああ、五つとせ、一度は黒島帰らりょと
おえだが、お母さんは血の涙　その哀れさよ
ああ、六つとせ、無理なもんだよ　おえださん
年は二十四で、子がひとり　その哀れさよ
ああ、七つとせ、七ぶり八ぶり回れども
おえだが居らんと言て帰る　その哀れさよ
ああ、八つとせ、夜々の十二時に目を落とし
朝の八時に岡の瀬に　その哀れさよ
ああ、九つとせ　心は黒島　身はここに
おえだが体は鹿篭の墓　その哀れさよ
ああ、十とせ　とんと　しもたよ　おえださん
息子ひとりに身を捨てた　その哀れさよ

5　私たちが創る未来

鹿児島には、汐替節のほか、開聞町の大漁数え歌や奄美地方の舟漕ぎイト（イト＝歌）など、各地に海の仕事歌があり、また海にまつわる歌もたくさんあります。それは、鹿児島の地理的位置も関係していると考えられます。薩摩半島、大隅半島と605の島々によって構成される鹿児島県は、島嶼の数が長崎に次いで２番目に多く、まさに海洋国家の中の海洋県と言えるでしょう。そして、鹿児島の周辺海域には、世界の海流の中で最も強大な海流

の一つである黒潮が流れています。黒潮海域の海底には、たくさんの曽根があり、これらの曽根は魚の集まる場所であり、良い漁場となります。明治時代からカツオ漁場となったトカラの海は黒潮の本流の海です。黒潮はトカラ海域で流向を変えトカラ海峡を通って太平洋へ出ます。トカラ列島はまさに黒潮の中の島々といえるでしょう。枕崎で代々受け継がれてきたカツオ漁業は、このように黒潮の恩恵を受けながら育ってきたのです。

黒潮は鹿児島に海の恵みを送り届けてくれると同時に、気象災害や海難などの被害ももたらします。鹿児島の気象災害と言えば台風と水害がまず挙げられるでしょう。黒潮海域は、水温が高く、海水の蒸発によるエネルギーによって、台風が発達しやすい環境にあります。それが鹿児島に強風と暴雨、高潮の多い気象状況をもたらしています。

ここまで黒島流れや、おえだ節などでたびたび登場してきた黒島ですが、島が位置する東シナ海南部では、冬から春への季節の変わり目に低気圧がよく発生し、発達した低気圧が強い風を伴って北東に進むため、海難事故が発生しやすい海域となります。今でこそ地理や気象に関する研究が進み、科学的な観点から台風や暴風雨が発生する仕組みを理解することができますが、300年前の漁民たちには、黒潮や台風を自然科学的にとらえるすべはもちろんありませんでした。それはただ、自然という大きな力としてとらえるほかなかったのです。南薩の人々が海にまつわる歌をうたうのも、海の恵みをいただきながら、海に対する畏怖と敬意を常に抱き、またその畏怖と敬意を、歌を通して表現するものだと考えていたことの表れだということもできるでしょう。

だからこそ、枕崎の漁師たちは、彼らの生活を支えるため命を捧げてくれた魚に対して敬意を示すことをおろそかにはしていませんでした。「カツオを一万匹捕ると、人を一人殺したようなもの」と漁師たちは考え、1916（大正５）年には枕崎に「鰹供養塔」が建てられました（図３）。

また、カツオの大漁祈願とカツオの霊を慰めるための「供養搗き」という行事も1937（昭和12）年まで行われていました。戦争などをはさんでこの

図3　カツオ供養塔　（撮影：福田忠弘）

行事はいったん途絶えましたが、1992（平成４）年になって枕崎市で第一回魚供養祭が行われました。以降、この行事は枕崎市漁業協同組合の重要な年中行事の一つとなっています。

こうした枕崎の人々のカツオを供養する気持ちは、次に挙げる金子みすゞの代表作の一つ「大漁」にも垣間見ることができます。

大漁

『金子みすゞ全集』より

朝焼け小焼けだ
大漁だ
大羽鰮の大漁だ。
浜は祭りの
ようだけど
海の中では
何万の

鰮のとむらい
するだろう。

この「大漁」を詠む金子みすゞのまなざしには、枕崎の漁師たちに通じるものを感じずにはいられません。いわしにしてもカツオにしても、きびなごにしても、私たちが日々命をいただいて生きているのだということ。金子みすゞも枕崎の人々も詩や歌で、実にわかりやすく、かつ鮮やかに生き生きと説いているのです。これは海に囲まれている島国の住み人である日本人古来のものの感じ方であり、また自然と向き合い懸命に生きてきた人たちだからこそ培われてきたものの見方、精神のよりどころであろうと考えられます。

そして、今日では、このカツオが踊る海で育んできた郷土の文化を受け継ぎ、また後世へと伝えていくことが求められています。現在枕崎でも60代以下の人では汐替節を知らない人がほとんどです。こうした状況の中で、汐替節など民謡の保存に力を入れて活動している方もいます。枕崎在住の森寛六氏は、カツオ漁船の船頭であった祖父、父親と三代にわたり汐替節を受け継ぎうたっています。また、鹿児島県内でタレント活動をしているちゃんサネこと實吉国盛氏は、汐替節の替え歌を作りうたっています。さらに南薩枕崎だけではなく、鹿児島全体を代表する民謡として注目され、2012（平成24）年夏には、鹿児島市で開かれた男声合唱団「楠声会」の第八回定期演奏会でうたわれました。この演奏会の目玉である「五つの鹿児島民謡」のプロローグとして、新たに編曲された「汐替節2012」が会場にいる1,500人の観客を魅了しました（図４）。

この「汐替節2012」を作曲・編曲した伊地知元子氏は数多くの鹿児島民謡からこの歌を選んだ理由についてこう述べています。「魚と話をしながら海で働き、家庭も想い、ちょっぴりかっこまんの歌の内容と自分の夫が二重写しになる」。これこそが、300年前からきばらん海（枕崎方言）の洋上や港で響いていた汐替節が今日もなお私たちの琴線に触れる故ではないでしょうか。時代が移り変わっても、この風土の中でしっかりと受け継がれているものがあります。それを未来へと引き継ぐために何をしなければならないの

図4　楠声会合唱団演奏会　（提供：福田大三郎氏［楠声会］）

か、汐替節は、私たちに問いかけているのです。

参考文献

下野敏見監修『鹿児島かごしま文化の表情』（鹿児島県文化振興財団出版、1999）
茶圓正明・市川洋『黒潮』（春苑堂出版、2001）
北山易美『さつま漁村風土記―珍しい民俗と民話』（いさな書房、1962）
川崎沛堂『坊泊水産誌』（川邊郡水産會、1936）
枕崎市誌編さん委員会編『枕崎市誌（上巻、下巻）』（枕崎市、1990）
久保けんお『南日本民謡曲集』（音楽の友社、1960）
川越政則『南日本風土記』（至文社、1962）

第7章

原耕

—海を耕した代議士—

福田 忠弘

1　マルチな才能をもった人物：衆議院議員、医師、漁業家

1933（昭和8）年8月3日、現在のインドネシア（当時は蘭領東インド、蘭印と呼ばれた）のアンボンで、鹿児島選出のある衆議院議員がマラリアにかかって57年の生涯を閉じました。

この政治家がアンボンで何をしていたかというと、カツオ漁を行なうための大規模漁業基地建設の陣頭指揮をとっていたのです。この政治家は、アンボン周辺で獲れるカツオを利用して、日本にはカツオ節を、そして欧米には缶詰を輸出する計画を立てていました。しかし、志半ばで命を落としてしまったのです。

この事業を行なっていた代議士の名前を、原耕（はら・こう）と言います。原耕は、実はかなり変わった経歴の持ち主です。そもそも、日本から遠く離れたアンボンでの漁業基地建設の陣頭指揮を、政治家自ら執っていたこと自体おかしなことです。

さらにおもしろいことに、原耕は日本とアンボン間の移動をカツオ漁船で行っていました。当時、海外に出かける政治家は大型汽船を利用していましたので、漁船で長距離移動する政治家がいるということ自体、ちょっと考えられません。

しかもこの政治家、もとの職業は医者です。原耕は、名門と言われる現在の大阪大学医学部（原耕の時代は大阪府立医学校）を卒業した後、現在の枕崎市に原医院を開業した腕の良い医者だったのです。腕が良いだけでなく、

人望もあったようで、当時、日本医師会へ出席する鹿児島選出代議員３人のうちの１人が原耕でした。

しかし、原耕がその名前を歴史に残すことになったのは、1927（昭和２）年に行なった南洋漁場開拓事業でした。原耕が行った事業は、少数の水産の専門家グループが行った単なる調査ではありません。鹿児島県のカツオ一本釣り漁師約100名を２隻の漁船に乗せて、約６ヶ月間もの間南洋の海でカツオ漁を行ったのでした。

原耕は、衆議院議員であり、腕の良い医師でもあり、そして漁業家でもあったのです。原耕の活躍は、戦前の南洋漁業に大きな影響を与えました。そして原耕は、南洋漁業以外にも様々な分野に貢献しました。絶海の孤島での灯台建設、大正時代の枕崎カツオ一本釣りの無声映画（現在で言えばドキュメンタリー）制作、そして何よりもカツオ節生産量日本一の枕崎のカツオ漁を支えた人物としても評価されています。この人物の業績を通して、カツオ漁の一側面に焦点をあてます。

２　医者が漁師に！　カツオ船には愛妻の名を

原耕は、1876（明治９）年２月７日、現在の鹿児島県南さつま市坊津町に原平之進の次男として生まれました。父の平之進は腕の良い船大工をしていましたが、後に自らも船を所有し、漁業に従事しました。

原家には、次男の耕以外にも水産の分野に貢献した人物がいました。四男の捨思（すてし）です。捨思は、耕と一緒に南洋漁場開拓事業に従事し、耕の死後は衆議院議員になりました。そして甥の多計志（たけし）は、鹿児島大学水産学部長の任を果たしたあと、坊津町長を務めた経歴をもっています。

話を原耕に戻します。20歳になった原耕は、現在の大阪大学医学部（当時は、大阪医学校教授部、大阪府立医学校）で医学を学びました。この時、大阪大学医学部の基礎を築いたとされる、佐多愛彦（鹿児島出身）の薫陶も受けています。

図1　原耕と妻の千代子　（提供：原拓氏）

1902（明治35）年に医学校を卒業した原耕は、アメリカの日本領事館に約2年間勤務しました。この時に、カナダのバンクーバーなどの漁業地の視察も行っています。父親が漁業に携わっていただけに、大規模に行われている水産業先進地にも関心があったものと思われます。またこの時の視察が、アンボンにおける漁業基地建設事業の構想を立てるにあたって、重要な役割を果たしたようです。

2年間のアメリカ滞在を終えた原耕は、1904（明治37）年、現在の枕崎市に原医院を開業しました。1911（明治44）年2月、35歳になっていた原耕は、当時20歳の鮫島トミと結婚しました。トミの実家鮫島家は、現在の鹿児島県南さつま市加世田にある名家の一つで、その住居や蔵、井戸などは「登録有形文化財」に指定されています。トミの父親の剛は、南薩銀行という銀行の初代頭取をしていました。また、剛の従兄弟の鮫島慶彦は、南薩鉄道株式会社（後の鹿児島交通南薩線）初代社長を務めた人物です。原耕はトミと結婚することにより、地域の有力者とも姻戚関係を結ぶことになりました。この点は、原耕の業績を振り返るうえで非常に重要なところです。

しかし２人の幸せは長くは続きませんでした。トミは、結婚後７ヶ月で命を落としてしまったのです。トミは子どもを妊っていたと言われていますので、妊娠中毒症で亡くなったのかもしれませんが、詳しい死因については分かっていません。医師でありながら、自分より15歳も若い妻を死なせてしまった原耕の哀しみは、激しかったはずです。

その後しばらく、独り身でいた原耕ですが、1917（大正６）年８月、大阪府出身の女医の根川千代子と再婚しました。この時、原耕は41歳、千代子24歳でした。この結婚が、原耕の生活を一変させました。

原耕は、自身が院長を務める原医院での診察を千代子に任せると、漁業の分野に進んでいきました。カツオ船を購入し「千代丸」と名付け、自らカツオ漁に従事し始めたのです。「千代丸」とは、妻の千代子から来ていることは言うまでもありません。

当時のカツオ漁は苛酷な仕事です。カツオ船の甲板には漁師が休むような部屋はありません。海に出ると、昼間は太陽の日差しに焼かれます。雨が降ったらカッパを着ますが、雨が降っている間は炊事釜の火が使えないので、非常食として持ち込んだ黒砂糖や味噌をつまんで雨があがるのを待ったそうです。夜には、船の甲板にウスベリ（い草で織った筵に縁をつけたもの）を敷き、帆柱を倒してテントを掛けその下で寝たそうです。当時の一航海は短いときで２日、長いときは15日ぐらいカツオの群れを追いかけたといいます。こうした漁師の仕事を、枕崎では「あま船人」と呼びます。「あま」は、「天」をあてるのか、「雨」をあてるのかは定かではありませんが、いずれにしても大変な仕事です。アメリカ滞在の経験もある腕の良い医者が、しかも40代からカツオ船に乗り込むなど、前代未聞のできごとでした。

3　新たな技術を次々と

枕崎は昔からカツオ漁が盛んな町です。腕の良い船頭や漁師がたくさんいました。原耕がカツオ漁に乗り出した時代の漁は、船頭の経験と勘がものを言う世界でした。しかし医者でもあった原耕は、そうした経験と勘だけに頼らず、次々と新技術を導入しました。

例えば、海図です。海図を用いるなど、今から見れば当たり前と思うかも知れませんが、当時は「海図でカツオが獲れるか」と馬鹿にされたそうです。

それからカツオ漁に伝書鳩も導入しました。当時のカツオ船は、一度、漁に出かけてしまうと陸地と連絡を取る方法はありませんでした。台風が近づいていても、それをカツオ船に知らせる方法がありません。鹿児島の南薩地域では、時に甚大な海難事故が起きていました。さらに、当時のカツオ船には冷凍設備などは備えられていませんので、獲ったカツオを可能な限り早くカツオ節に加工する必要がありましたが、カツオ船が港に戻る時間を知らせる手段がありませんでした。

原耕は伝書鳩をカツオ漁に導入しました。これで陸とカツオ船の連絡が取れるようになりました。これは画期的なできごとでした。1926(大正15）年に、陸軍騎兵少佐の岩田巌という人が書いた『伝書鳩』という書物では、全国における伝書鳩の民間利用が取りあげられていますが、そのなかで最も高く評価されている利用法が、鹿児島のカツオ漁におけるものでした。後にカツオ船にも無線装置が導入されるようになりますが、それまでは伝書鳩は重要な通信手段だったのです。

原耕は、カツオ漁に関する無声映画も作成しました。今で言うなれば、ドキュメンタリーです。この無声映画のタイトルは「無限の宝庫」と言います。当時、海上でのカツオ漁の様子を知るのは「あま船人」のみでした。カツオを獲るのにどのような苦労があるのか、カツオ節加工をどのように行うのかについて、普及活動をするために撮影されたものでした。大正時代のカツオ漁の様子が記録された、大変貴重な映像です。この「無限の宝庫」は、1999年9月に放送されたNHKスペシャル「日本映像の20世紀　鹿児島県」でも使用されていて、鹿児島のカツオ漁を語るうえで欠かせないものとなっています。

原耕はめきめきとカツオ漁の腕を上げていきます。女医の千代子と結婚してカツオ船に乗り込んだのが1917（大正6）年のことですが、1921（大正10）年には枕崎で漁獲金高5位に、そして1923（大正12）年にはついに1位の座を獲得しました。経験豊かな漁師達も顔負けの漁獲高をたたき出すようになったのでした。

そして原耕は、カツオ船の大型化にも取り組みました。当時、枕崎のカツオ船は30トン程度の小さなもので、大きくても60トン程度のものでした。そしてすでに紹介したように、当時のカツオ船の甲板には漁師達が休めるような建物はありません。漁場を遠くへ求めはじめていた原耕にとって、船が小さいことは致命的でした。漁場が遠くなればなるほど、漁師の肉体的・精神的負担も大きくなります。また、カツオの大群と遭遇しても、船が小さいと漁獲量が制限されることにもなります。

原耕は、100トン級の大型船の建造を決意しました。100トンというと、当時のカツオ船の3倍を超える大きさになります。建設途中の大型船を見た漁師達は、「あんな大きな船でそろばんがあうか」と陰口をたたいていたようですが、完成し進水した大型船を見たときには、「山のように大きい」と口々に賞賛したといいます。原耕はこの船にも、愛妻の名前を取って「千代丸」と名付けました。通常、私たちが「千代丸」と呼ぶのはこの大型船のことです。

1925（大正14）年5月2日午後5時、大型船「千代丸」は初めてのカツオ漁に出発しました。人々が注目したのは、大型船の能力です。9日間の漁を終えて枕崎に戻ってきた「千代丸」には、大小合わせて約7千500匹のカツオが満載されていました。漁獲金高にして約一万円です。参考までに言うと、原耕の1922（大正11）年1年間の年間漁獲金高は4万8千円、1923

（大正12）年の年間漁獲金高は８万１千円です。わずか１航海で１万円の漁獲高をたたき出したことが、いかに大きかったかが分かります。この初航海は新聞にも取り上げられ、後に「一万円航海」と呼ばれ伝説になっていきます。

この後、枕崎のカツオ船は次々と大型化されていくことになりました。

4　前人未踏の南洋漁場開拓へ

1927（昭和２）年、原耕は当時日本が委任統治していたパラオなどの南洋群島での南洋漁場開拓を計画しました。「千代丸」と「八阪丸（通称は第三千代丸）」の100トン級大型船２隻に、100名を越える本職のカツオ一本釣り漁師を乗せて、３ヶ月間カツオ漁を行うというものでした。

当時、南洋群島まで出かけて行ってカツオ漁をするということは珍しいことでした。原耕の一行は６月２日に鹿児島を出発しますが、この時に、鹿児島県知事、水産試験場長や医師仲間などが参加した壮行会も開かれています。この時原耕は、「漁師が漁に出るのに知事閣下を始め先輩がこんな盛大な門出の祝いを開いて下さったことはまだ話しに聴かぬことである」（「鹿児島新聞」より）とあいさつし、閉会後の新聞記者に対しては、「漁場や餌の関係など充分の調査すみとなっているからまあ置いた宝を船に積んで帰る様なものである」（「鹿児島新聞」より）と語り、余裕を見せていました。

耕の一行は、沖縄の海域でカツオ漁を行いながら次第に南下していき、目的のパラオに到着したのは６月29日のことでした。さっそくカツオ漁の準備にかかります。しかし困った事態がおきました。カツオ漁に必須となる餌魚が獲れないのです。餌魚がなければカツオ漁はできません。原耕の一行は、パラオで餌魚を確保するために数種類の網を持ってきていましたが、網が珊瑚に引っかかったり、目指す魚がマングローブのなかに逃げ込んだりして、どうしても獲ることができませんでした。日本で得た餌魚に関する情報は、ほとんど役に立たなかったのです。

当時、南洋群島や現在のインドネシアの海域でカツオ漁を行なう日本の漁業者にとって、最初の関門となるのがカツオ漁に必須の餌魚の確保でした。1928（昭和３）年に『比律賓、ボルネオ並にセレベス近海に於ける海洋漁業調査』と、『蘭領印度モロッカス群島近海の鰹漁業並に同地方沖縄懸漁民の状況』という報告書が出されていますが、現地に拠点をおいていた江川俊治（ハルマヘラ島）や折田一二（北ボルネオ）といった人物でさえ、餌魚確保に苦労していました。江川は、1925（大正14）年に水産冷蔵会社の氷室組所有の千トンの大型冷蔵船を受け入れてカツオ漁に望みましたが、餌魚が確保できず失敗しています。折田は、地元漁民からのわずかばかりの餌魚提供に頼っていました。

地元に拠点をおいている人たちでさえ餌魚の確保に失敗しているのですから、日本から一時的に遠征している原耕にとっては失敗する可能性が高いです。しかし原耕は、パラオの海を観察して、必要なものは八田網であるという結論に達しました。八田網とは、鹿児島で古くからイワシ漁に用いられていたものです。形は長方形で、大きさは地域によって異なりますが、鹿児島湾や南薩地域のものは、長い方の一辺が75～84m、短い方の一辺が20～36mという大きな網です。この八田網をパラオに持ってくるように弟の捨思に電報を打ちました。捨思はすぐに行動を開始し、八田網を購入すると門司から汽船に乗りました。

八田網がパラオに届いたのは７月29日のことでした。８月１日から八田網による餌魚漁が開始され、結果は良好でした。ところが、カツオの群れがパラオから去ってしまったのです。原耕は８月10日にパラオでの操業を打ち切りました。パラオでの滞在期間は約40日でしたが、カツオの漁獲高はわずか75匹でした。

話は少しそれますが、この南洋漁場開拓事業に参加した中田佐太郎という人物は、後にスラウェシュ島で日蘭漁業株式会社を立ち上げますが、この会社が餌魚確保に用いていたのが八田網でした。原耕が八田網を用いて大量の餌魚確保の道を開いたことは、同業者にも影響を与えたのでした。このことにより、南洋でのカツオ漁が注目され、日本人漁師が大勢南洋に進出していくことになりました。南洋で作られたカツオ節は「南洋節」と呼ばれ、日本でも消費されていていました。

南洋漁場開拓事業の期間は3ヶ月間と決められていました。パラオから日本へ戻ることを考えると、そろそろ帰国しなければいけません。しかし原耕は、日本に戻らずに現在のインドネシアでカツオ漁を行うことを決めました。パラオは日本が委任統治していましたが、今度はオランダが支配する海域でのカツオ漁です。さらに、餌魚漁、カツオ漁、カツオ節加工の道具すべてを積んで、移動しながらカツオ漁を行う必要があります。容易なことではありません。

原耕たちの一行は、いくつかの地点を彷徨いながら、最終的にスラウェシュ島のケマという場所に拠点をおきました。現在、カツオ漁が盛んに行われているビトゥンが近くにあります。

9月7日から、原耕の一行はカツオ漁を行いました。そしてここに来て、カツオの大群に遭遇します。9月9日にはカツオ700匹を獲りました。途中、餌魚が底をついて漁を続行できませんでしたが、餌があれば5千匹や6千匹は釣れたという大きな群れでした。そしてこの地では、出漁すれば数百匹単位の漁獲高をあげることができました。9月分の漁獲高は、合計で5,411匹という好成績をあげました。

10月に入ると、一日の漁獲量が2千匹を超える日も出てきました。そんな原耕のもとに、さらに南下したアンボンという場所に、良い漁業根拠地があるとの情報が集まってきました。歴史的に、アンボンは香辛料で有名です。

10月17日、「千代丸」はアンボンに向けてケマを出発しました。翌18日午前10時、「千代丸」は赤道を越えて南半球に入りました。赤道越えを記念して、「千代丸」では宴会が催されました。アンボンには6日間滞在しましたが、この時に、この地ではカツオ漁に使える餌魚が多いこと、カツオやマグロの群れも多いことが確認できました。さらに、この地で土地と別荘を借りること、そして山林伐採許可の内諾を得ることができました。原耕は、こ

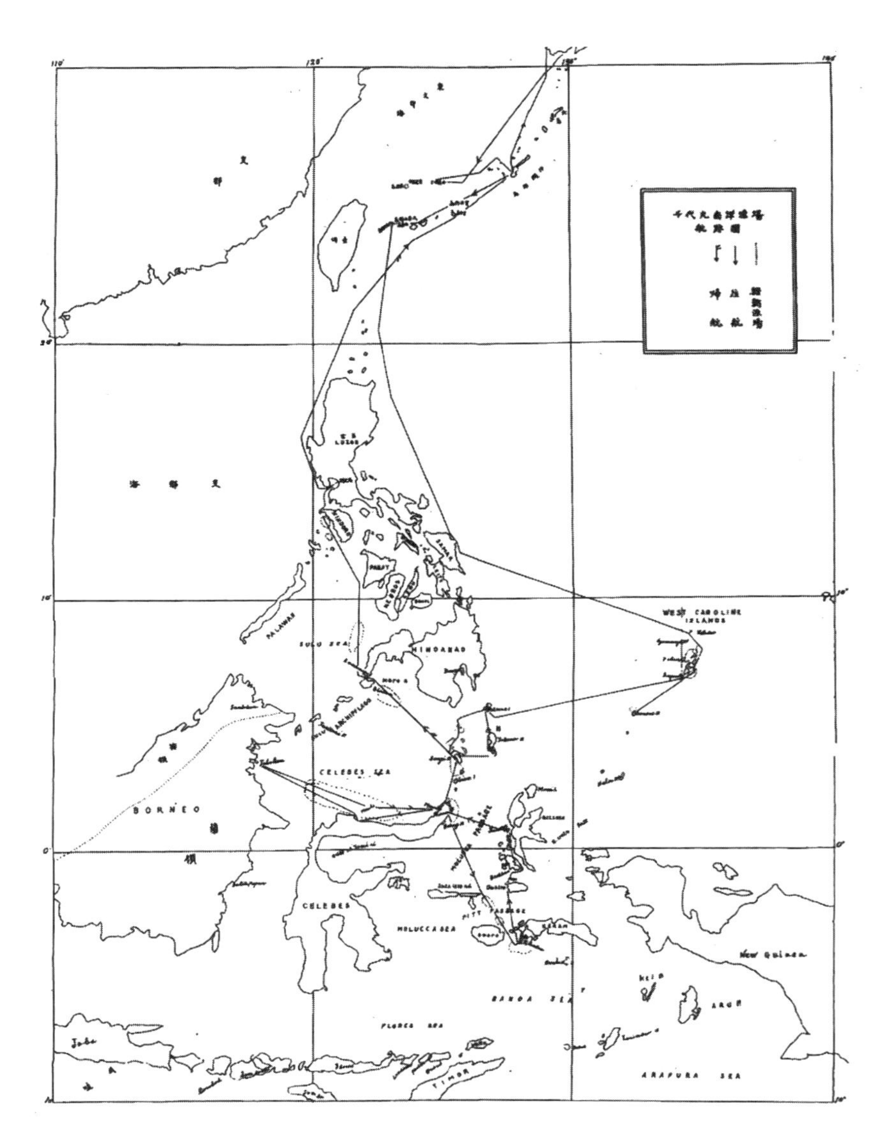

図2　第一回南洋漁場開拓の行程図　（提供：鹿児島県水産技術開発センター）

図3　南洋漁場開拓事業から戻った時の原耕（提供：枕崎市立図書館）

こで大規模な漁業基地を建設することを決意しました。

ケマに戻った原耕は、帰国の準備をしました。10月のカツオの漁獲高は、1万2,938匹にも及びました。パラオでのわずか75匹の漁獲高とは比べ物になりません。南洋で大規模にカツオ漁を行えることを証明し、成果は十分でした。

11月25日、鹿児島港に帰ってきた原耕の一行は大歓迎を受けました。鹿児島県知事を筆頭に各方面から来賓が参加して、南洋漁場開拓事業に参加した漁師たちを慰労しました。知事は漁師1人1人と握手を交わし、酒をついで回りました。この待遇に感激した漁師たちが、会場で知事を胴上げするという珍事までおきています。

図4　鹿児島港に戻ってきた千代丸と八阪丸（提供：枕崎市立図書館）

原耕の事業が注目されたのは鹿児島だけではありません。大阪でも1,200人を前に講演し、東京では大日本水産会（明治15年設立で現在まで続く水産団体）の忘年会にも招かれて、1時間程度の講演を行いました。同会が発行する『水産界』（第542号）によると、この時には、当時の農林省水産局長の長瀬貞一、水産講習所（現在の東京海洋大学）所長の岡村金太郎、大日本水産会会長の牧朴真、副会長の伊谷以知二郎（元水産講習所所長、後の大日本水産会会長）、監事の下啓助（農商務省時代の元水産課長、元水産講習所所長、『明治大正水産回顧録』を出版）らが参加していました。

原耕の事業は、全国的な知名度をもったものとなりました。期間、参加人数、調査海域の広さ、そしてその成果は、当時の他の日本人による南洋漁業と比べて際立っています。

原耕はこの後も、第２回南洋漁場開拓事業、第３回南洋漁場開拓事業へと出かけています。

5　国会議員に

1928（昭和３）年２月に、我が国初の男子普通選挙が行われました。原耕は、この選挙に３度目の立候補をして初当選を果たしました。１期目の任期中、原耕は第55回から第57回帝国議会衆議院に出席しています。

第56回帝国議会で、原耕は灯台などの航路標識整備に関する法改正に携わりました。６ヶ月ものあいだ南洋漁場開拓事業にでかけた原耕ですので、政治家のなかで、彼ほど灯台などの航路標識の重要性を熟知している人間も稀だったと思います。

1969（昭和44）年に海上保安庁燈台部が編集し、燈光会（大正４年１月設立の団体で航路標識に関する知識の普及活動などを行っている）が発行した『日本燈台史－100年の歩み』という本によると、原耕の時代、日本は世界第三位の海運国だったにもかかわらず、日本の周辺海域は「暗黒の海」と呼ばれ海難事故が多発していました。そして同書によると、第56回帝国議会において「噸税法」という法律が改正されたことにより、３年間の期間限定ながら航路標識設置の財源を確保できたとされています。

そして噸税法改正案を審議した委員会の委員長を務めたのが、一年生議員の原耕でした。噸税法とは、1899（明治32）年３月に公布された法律で、外国貿易に従事する船舶に対する課税額を決定していました。この法律は、1957（昭和32）年３月に「とん税法」へと全部改正されますが、戦前期における改正は第56回帝国議会１回だけでした。この法改正で税率をあげ、その増収分が、３ヶ年150万円という限定付きでしたが、灯台や無線方位信号設置にあてられることになりました。この法律改正を主導したのが、原耕だったと考えられます。この時に新設された灯台は、都井岬、草垣島、舳倉島、竜飛埼、野母埼、土佐沖ノ島、御神島、伊良湖岬の各灯台です。

噸税法改正後、原耕は、鹿児島県枕崎市から西南西約90kmの地点にある草垣島における灯台設置に奔走しました。この草垣島灯台は重要な灯台で、例えば、中東からマラッカ海峡を通過して北上した船舶のルートには、台

図5　ソーラー化される以前の草垣島灯台（提供：串木野海上保安部）

湾、沖縄、奄美大島の東側を航行するルートと、西側を通るルートの２つありますが、台風などの影響で太平洋の波が荒い時などは、多くの船舶は西側ルートを通って北上し、大隅海峡を通って東シナ海から太平洋へ抜けます。この時、大隅海峡へ入る重要な標識となるのが、草垣島灯台です。さらに、上海、天津、プサンなどに行く船舶にとっても重要であることは言うまでもありません。原耕がここに目をつけたのはさすがです。ただ、絶海の孤島における灯台建設だっただけに、工事は困難を極めたといいます。

草垣島灯台が初点灯したのは1932(昭和７）年７月３日のことです。完成後は、灯台守が２週間交代で勤務し、１年間で一升瓶約６千本相当の軽油を用いてディーゼルエンジンで発電しました。その後2003（平成15）年12月に、草垣島灯台は当時で日本最大のソーラー灯台に生まれ変わりました。2011（平成23）年３月に、東京湾内にある第二海堡灯台のソーラー化により日本一の座を明け渡しましたが、現在でも２位の出力を誇っています。

海運なくしてわたしたちの生活が成り立たないのは言うまでもありません。原耕の業績は、現代にも影響を与えているのです。

そして第56回帝国議会衆議院では、原耕は「遠洋漁業奨励法中改正法律案」を提出しています。原耕は改正案の提出者として、衆議院本会議で改正案提出の趣旨を説明する機会を得ました。この時に原耕は、自身がおこなった南洋漁場開拓事業の成果、そして今後の南洋漁場進出の重要性について熱弁を振るいました。速記録に残されている原耕の演説は約5,700字で、400字詰め原稿用紙に換算すると約14枚になり、仮に1分間に300字のスピードで読んだとしても19分間かかったことになります。国会の場で、南洋漁業について語られた最初の機会になりました。

6　途絶えた夢　アンボンでの漁業基地建設

第56回帝国議会が閉会すると、原耕は議員在任中でありながら、「千代丸」に乗り込んで第二回南洋漁場開拓事業に出かけて行きました。1929（昭和4）年6月1日に出発して、直接アンボンに向かいました。今回は、アンボンでの漁業基地建設事業を実施するための第一歩となりました。「千代丸」の他に、資本家チームが汽船でアンボンに向かいました。資本提供を申し出ていた岸本汽船の社員3人、そしてアンボンでの製氷工場建設、造船施設建設予定地を選定するために、枕崎造船の社長も同行しました。

原耕は、岸本汽船から派遣されていた3人の前で大量のカツオを釣り上げる予定だったのですが、予定通り釣れず、岸本汽船からの出資はとりやめになってしまいました。

皮肉なことに、岸本汽船の社員が帰国した後、一転してカツオが獲れ始めました。今回のアンボン滞在中、約48,700匹のカツオを釣り上げましたが、遅すぎました。

第二回南洋漁場開拓事業では、製氷設備、缶詰工場、魚粉工場などの設備を整備する必要性を痛感することになりました。

アンボンから帰国した翌年の1930（昭和5）年2月に第17回総選挙が実

施されましたが、不運にも原耕は落選してしまいます。落選した原耕は、拓務省嘱託として単身バタビア（現在のジャカルタ)、スラバヤ、アンボンを訪問し、蘭印政庁と外交交渉を行いました。アンボンにおける漁業権獲得と、日蘭合弁会社設立のための交渉を、日本総領事館の総領事代理とともに行いました。この時の交渉について、この総領事代理は当時の外務大臣幣原喜重郎に「本邦大規模漁業家当領進出ノ第一歩トシテ頗ル有意義ナリ」と報告しています。

1932（昭和７）年２月に行われた第18回衆議院議員選挙に立候補した原耕は、２回目の当選を果たしました。政治家になったにも関わらず、再度、南洋漁場開拓事業にでかけています。

原耕は、12月３日に第３回南洋漁場開拓事業にでかけました。原耕はアンボンで漁業基地建設を進めていましたが、1933（昭和８）年８月３日、マラリアにかかって客死してしまいました。代議士原耕死去の報は、外務省経由で日本にいた千代子のもとにも知らされました。

９月16日には枕崎町葬が行われました。原耕の遺骨は三分割され、アンボンの砲台跡、枕崎の松之尾墓地、坊津の墓地に埋葬されました。

原耕の死後、アンボンでの事業を継続させようと人々は努力しましたが、結局うまくいかないまま幕を閉じることになってしまいました。

死後８年が経過した1941（昭和16）年８月、徳富蘇峰は原耕の墓石に撰文を寄せました。「惟（おも）ふに、我国古来図南の長策を唱ふるもの尠（すくな）からず。然（しかれど）も此を実行し、遠く赤道以南に漁船隊を進むるものは、実に原耕君を以て嚆矢（こうし）となす。君の功やまことに偉大なりといふべし」(句読点を追加した)。

7　現代に生きる原耕

原耕は、現在カツオ節生産量日本一の枕崎の基礎を作った人物として、今でも枕崎では大切にされています。町には原耕の銅像や記念碑がいくつか建てられています。原耕について言及した書籍のほとんどは、郷土史の分野か

図6　2004年に行われた「見果てぬ夢」の一幕（提供：劇団ぶえん）

図7　「見果てぬ夢」の一幕（提供：劇団ぶえん）

らのものですが、著名な民俗学者宮本常一が『南の島を開拓した人々』（さ・え・ら書房、1968年）という本で、原耕のことを取り上げているのはさすがです。

さらに枕崎の市民劇団「ぶえん」は、2004年に「見果てぬ夢－原耕・千代子物語り」を上演しました。枕崎市民による手作りの劇でした。その後も折りに触れ、「見果てぬ夢」が上演されています。原耕の夢は途絶えてしまいましたが、その思いは、現代にも引き継がれているのです。

参考文献

岸良精一『鰹と代議士―原耕の南洋鰹漁業探検記』（南日本新聞開発センター、1982）

宮本常一『南の島を開拓した人々』（さ・え・ら書房、1968）

川上善九郎『南興水産の足跡』（南水会、1994年）

片岡千賀之『南洋の日本人漁業』（同文館出版、1991年）

海上保安庁燈台部『日本燈台史－100年の歩み』（社団法人燈光会、1969年）

台湾総督官房調査課編『比律賓、ボルネオ並にセレベス近海に於ける海洋漁業調査』（南洋協会台湾支部、1928年）

台湾総督府官房調査課『蘭領印度モロッカス群島近海の鰹漁業並に同地方沖縄県民の状況』（台湾総督府官房調査課、1928年）

『鹿児島県水産技術のあゆみ』（鹿児島県、2004）

枕崎市史編さん委員会『枕崎市史』（枕崎市、1969）および枕崎市誌編さん委員会『枕崎市誌』（枕崎市、1989）

福田忠弘「南方漁場開拓者・原耕の帝国議会における議員活動をめぐって」『研究年報』（第42号、2010年）

福田忠弘「南洋漁場開拓者原耕のアンボンにおける漁業基地建設計画（昭和2年～8年）『商経論叢』（第62巻、2011年）

福田忠弘「海耕記」『南日本新聞』（2012年5月16日より掲載中）

あとがき

福田忠弘

枕崎のカツオとカツオ節についての７つのお話、いかがでしたか。普段、何気なく食べたりダシをとったりしているカツオとカツオ節ですが、実に奥が深い食材です。和食がユネスコの無形文化遺産に登録され、食をテーマとするミラノ万博も開催されます。今後、国内外でカツオからとったダシのうま味はさらに注目されることになると思います。

この本を編集しながら、カツオについての夢がどんどんふくらんでいきました。例えば、国際線のファーストクラス、国内線の機内サービスにて、本枯節でとったダシスープの提供が当たり前になる夢です。また鹿児島の居酒屋に行くと、刺身用のしょう油は辛口と甘口の二種類おいてあって、好みに合わせて使い分けることができます。カツオ節でこれができないでしょうか。鹿児島はカツオ節生産量日本一です。そのことから、鹿児島のお店には、荒節と本枯節の二種類のカツオ節がおいてあったり、その日に食べる料理に合わせて雄節と雌節を使い分けてみたりと、他県とはひと味違ったカツオ節のこだわり方をするお店が増えていくようなことも想像してしまいました。そんな日が来たら、カツオとカツオ節がより身近に感じられることは間違いないと思います。

この本は、2013年度の鹿児島県立短期大学の公開講座がもとになっています。公開講座では、本書の各章を執筆した７名が講師になって、「枕崎におけるカツオの魅力再発見と再認識～「漁」と「食」と「人」～」を行いました。それぞれ違ったバックグランドからカツオとカツオ節の魅力に迫っていきましたが、受講生からかえってきた反応はこちらが予想していた以上に良いものでした。そこで公開講座を一冊の本にまとめてみました。

この事業を実施し、本にまとめる際に、愛媛大学教授で日本カツオ学会初代会長の若林良和先生には様々なアドバイスをいただき、さらに筑波書房への橋渡しもしていただきました。ここに記してお礼申し上げます。

また、以下の方々や団体・組織にも大変お世話になりました。順不同になり、また敬称も省略させていただきますが、お名前をご紹介させていただき感謝の意を表したいと思います。枕崎市役所、枕崎市漁業協同組合、枕崎水産加工業協同組合、枕崎市通り会連合会、枕崎市立図書館、南薩地域地場産業振興センター、坊津歴史資料センター輝津館、鹿児島県水産技術開発センター、串木野海上保安部、楠声会、鹿児島大学大学院医歯学総合研究科衛生学・健康増進医学、新屋敷幸男、立石幸徳、森寛六、新屋敷幸隆、栄村道博・ちえ子、板敷重文・浩実、山﨑喜久枝、瀬戸口嘉昭、新屋敷咲子、俵積田恵美子、立石卓美、ちゃんサネこと實吉国盛、瀨﨑祐介、山﨑巳代治、町頭芳朗、鮎川ゆり子、原拓、原綾子、鮫島健志、田代英雄、西進次郎、兼廣倫生、伊地知元子、山崎正夫、岩切成郎、片岡千賀之、堀内正久、佐藤順二（故人）、鹿児島県立短期大学同窓会、KLC（Kentan Library Club）。

最後に、最近の出版不況のおり、本書の出版を快くお引き受け下さった筑波書房の鶴見治彦社長にもお礼申し上げます。本書を読んで枕崎を訪問した第一号が、鶴見社長でした。枕崎で「枕崎鰹船人めし」を食べながら、編集について語り合ったことは良い思い出です。

同様に本書をお読みいただき、カツオとカツオ節に興味をもっていただき、カツオライフを楽しむ方が増え、そして鹿児島県枕崎市へ訪問してくださる方がいらっしゃいましたら、それは執筆者一同にとっての望外の喜びです。

執筆者一覧（掲載順）

福田 忠弘（ふくだ ただひろ）
鹿児島県立短期大学
【担当】はじめに、第7章、あとがき

小湊　芳洋（こみなと よしひろ）
枕崎水産加工業協同組合、ミラノ万博日本館サポーター
【担当】第1章

山下　三香子（やました みかこ）
鹿児島県立短期大学
【担当】第2章

有村 恵美（ありむら えみ）
鹿児島県立短期大学
【担当】第3章

田中 史朗（たなか しろう）
鹿児島県立短期大学
【担当】第4章

林 吾郎（はやし ごろう）
枕崎市漁業協同組合、枕崎市通り会連合会
【担当】第5章

楊 虹（やん　ほん）
鹿児島県立短期大学
【担当】第6章

カツオ今昔物語　地域おこしから文学まで

2015年3月10日　第1版第1刷発行
2015年4月21日　第1版第2刷発行
編　著 ◉ 鹿児島県立短期大学チームカツオづくし
編著者 ◉ 福田 忠弘
発行人 ◉ 鶴見 治彦
発行所 ◉ 筑波書房
東京都新宿区神楽坂2-19 銀鈴会館 〒162-0825
☎03-3267-8599
郵便振替 00150-3-39715
http://www.tsukuba-shobo.co.jp

定価はカバーに表示してあります。
印刷・製本＝平河工業社
ISBN978-4-8119-0459-7　C0062

カバーデザイン：北 一浩